职业教育宝玉石鉴定与加工专业教学资源库建设与应用研究

ZHIYE JIAOYU BAOYUSHI JIANDING YU JIAGONG ZHUANYE
JIAOXUE ZIYUANKU JIANSHE YU YINGYONG YANJIU

张晓晖　贾桂玲　王　卉
高　磊　许　磊　王美丽　编著

中国地质大学出版社
ZHONGGUO DIZHI DAXUE CHUBANSHE

图书在版编目(CIP)数据

职业教育宝玉石鉴定与加工专业教学资源库建设与应用研究/张晓晖等编著. —武汉:中国地质大学出版社,2023.12
ISBN 978-7-5625-5513-1

Ⅰ.①职… Ⅱ.①张… Ⅲ.①宝石-鉴定-职业教育-教学参考资料 ②宝石-加工-职业教育-教学参考资料 ③玉石-鉴定-职业教育-教学参考资料 ④玉石-加工-职业教育-教学参考资料 Ⅳ.①TS933

中国国家版本馆CIP数据核字(2023)第045121号

职业教育宝玉石鉴定与加工专业 教学资源库建设与应用研究		张晓晖 等编著
责任编辑:龙昭月	选题策划:张 琰 龙昭月	责任校对:张咏梅
出版发行:中国地质大学出版社(武汉市洪山区鲁磨路388号)		邮政编码:430074
电 话:(027)67883511	传 真:(027)67883580	E-mail:cbb@cug.edu.cn
经 销:全国新华书店		http://cugp.cug.edu.cn
开本:787毫米×1092毫米 1/16	字数:226千字	印张:9.5
版次:2023年12月第1版	印次:2023年12月第1次印刷	
印刷:武汉市籍缘印刷厂		
ISBN 978-7-5625-5513-1		定价:88.00元

如有印装质量问题请与印刷厂联系调换

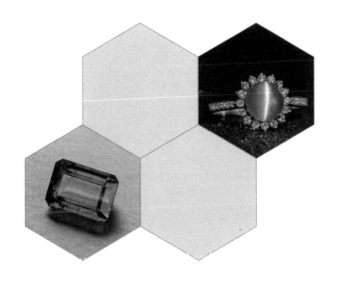

目录

第一章 项目的建设情况 ………………………………………………… (1)

第一节 概 述 ………………………………………………………… (2)

第二节 宝玉石资源库的基本情况 …………………………………… (4)

第三节 宝玉石资源库的整体建设情况 ……………………………… (10)

第四节 总体建设成果 ………………………………………………… (17)

第五节 各子项目建设成果 …………………………………………… (22)

第六节 项目绩效目标的完成情况 …………………………………… (43)

第七节 特色与创新 …………………………………………………… (47)

第八节 存在的问题 …………………………………………………… (52)

第九节 后续的建设工作与规划 ……………………………………… (52)

第二章 项目的应用情况……………………………………………（55）

第一节 应用现状…………………………………………………（56）

第二节 宝石专业（群）课程体系改革…………………………（56）

第三节 项目应用与推广的成效…………………………………（61）

第四节 项目对专业和产业发展的贡献…………………………（70）

第五节 典型学习方案设计………………………………………（76）

第六节 管理与共享机制的建设、应用…………………………（81）

第三章 典型案例……………………………………………………（85）

疫情之下基于宝玉石资源库的线上线下混合式教学探索…………（86）

远程"观物"，在线"鉴宝"——"宝玉石鉴定综合技术"在线教学实践…（98）

建设成果优秀典型案例之"宝玉石矿物肉眼及偏光显微镜鉴定"………（106）

"首饰配饰艺术"课程资源在教学中的应用………………………（112）

"珠宝营销认知"课程资源在教学中的应用………………………（119）

在建设中成长，在应用中创新——上海信息技术学校珠宝专业教学资源库建设和应用体会……………………………………………………………（126）

结合宝玉石资源库进行珠宝类实验实训课程思政教育的案例……（132）

"珠宝首饰CAD与CAM"课程资源在教学中的应用——以逼镶耳环为例…（135）

第一章
项目的建设情况

第一节 概　述

职业教育宝玉石鉴定与加工专业教学资源库（以下简称"宝玉石资源库"）建设项目于2017年12月由教育部批准立项，立项编号为2017-12。该项目由北京经济管理职业学院（第一主持单位）、中国珠宝玉石首饰行业协会、兰州资源环境职业技术学院（现更名为兰州资源环境职业技术大学）联合主持。建设单位辐射东北、华北、华东、华中、华南、西南、西北等7个区域，由具有较强实力的17所宝玉石类职业院校和15家全国知名行业组织、企业组成。

建设单位一览表（按建设院校与建设行业组织、企业分类，排名不分先后）

建设院校（17所）		
北京经济管理职业学院	兰州资源环境职业技术学院	安徽工业经济职业技术学院
北京工业职业技术学院	河南地矿职业学院	辽宁地质工程职业学院
辽宁机电职业技术学院	青岛经济职业学校	上海工商职业技术学院
上海信息技术学校	深圳技师学院	四川文化产业职业学院
新疆职业大学	梧州学院	云南国土资源职业学院
江苏省南京工程高等职业学校	黎明职业大学	
建设行业组织、企业（15家）		
中国珠宝玉石首饰行业协会		北京菜市口百货股份有限公司
北京博观经典艺术品有限公司		北京广艺鸿文工贸有限公司
北京正德东奇珠宝有限责任公司		国家首饰质量监督检验中心
沈阳萃华金银珠宝股份有限公司		深圳市飞博尔珠宝科技有限公司
深圳市缘与美实业有限公司		浙江广润珠宝有限公司
深圳珠宝博物馆有限公司		中国地质大学出版社
广州迪迈智创科技有限公司		北京东方艺珍花丝镶嵌厂有限责任公司
北京周大福股份有限公司		

17所职业院校和15家行业组织、企业整合资源，同心协力，依据《职业教育宝玉石鉴定与加工专业资源库建设方案》及《职业教育宝玉石鉴定与加工专业资源库任务书》的内容，按照宝玉石资源库项目管理要求，遵循"共建共享，边建边用"的宝玉石资源库建设机制，高效完成了宝玉石资源库的各项建设任务。

一、宝玉石资源库建设任务如期完成

截至2022年10月31日，宝玉石资源库已上传素材25 443个，试题库测试题

第一章 项目的建设情况

16 064个,注册用户53 328人,其中主持学校、联建院校及其他学校共有40 113名学生使用宝玉石资源库学习。宝玉石资源库素材种类丰富多样,其中视频类素材11 617个,教学课件素材8993个,虚拟仿真类素材78个。

在完成30门标准化专业课程建设的同时,我们根据地域特色、学习对象特点,利用宝玉石资源库素材,新增培训课程5门。

二、宝玉石资源库初显应用成效

宝玉石资源库的标准化专业课程建设对接国家标准及行业企业标准,依托全国区域调研基础,完成宝玉石鉴定与加工专业(群)[以下简称"宝石专业(群)"]人才培养方案、人才培养质量考核标准的制定。构建起宝石专业特色课程体系,开发30门标准化专业课程:钻石鉴定与分级、有色宝石鉴定、常见玉石鉴定、首饰设计基础、首饰制作工艺、贵金属首饰检验、珠宝首饰营销、玉器设计与工艺、珠宝首饰营销(典当)实务、珠宝首饰CAD与CAM、宝石加工与工艺、有机宝石鉴定等。

其中,以宝石专业(群)核心岗位职业通用能力为基础的工作过程导向的共享模块化课程12门,重组个性化微课1068个,设计典型工作任务74个,配合宝玉石资源库建设与应用,开发具有"互联网+"宝玉石资源库特色的教材6本,创建了大师大讲堂、宝玉石博物馆、"1+X"证书、专业家园等特色板块。项目建设团队致力于"互联网+"宝玉石资源库在日常教学中的应用、推广及宝玉石资源库建设机制的探索,以珠宝首饰类专业学习者为中心,使宝玉石资源库成为在校学生自主学习平台、教师课程搭建平台、企业人员[①]深造平台、社会学习者[②]认知平台。

搭建宝玉石资源库实训教学体系,实现课堂教学、虚拟仿真和互动一体化实训教学。初步形成宝玉石资源库应用的学习成果认证、积累和转换机制,实现了资源的充分利用和有效共享。主持院校专业教学100%使用宝玉石资源库,联建院校的宝玉石资源库课程使用率为90%,推广效果良好。注册宝玉石资源库的使用单位(企业人员及社会学习者所在单位)已有783家,已有近万名企业人员接受培训。宝玉石资源库联建单位在推广应用阶段先后为全国15家宝玉石企业提供技术咨询,接受集中专场培训的达到5763人次。宝玉石资源库为全国宝玉石企业人员培训提供了更加新颖、便利的方式,提高了企业人员培训的效率与质量,促进了企业人员专业技能水平的提升,受到了企业的好评和欢迎。

三、完善宝玉石资源库——持续发展,运行更新机制

为促进宝玉石资源库的持续更新与建设,校企共同创建宝玉石资源库未来课堂实训资源,提升了宝玉石资源库的使用效率和技术水平;合作企业利用宝玉石资源库开展员工年度

---

① 本书的企业人员指珠宝企业从业人员。
② 本书的社会学习者指非珠宝专业、非珠宝企业从业人员的广大珠宝爱好者。

继续教育,并为企业人员提供课程结业证书,该证书作为企业人员培训的第三方考核通过的凭证,使得宝玉石资源库的长期应用获得制度保障,并拥有稳定、人数充足的学习者;主持院校和联建单位出台了教师职称评聘、考核评价相关的管理办法和奖励措施。同时,我们将更新计划纳入日常工作进程并加以落实,以建设任务的形式要求新建资源比例不低于10%,并定期进行检查与验收。

经过4年多的建设,宝玉石资源库已建设成为资源丰富、技术一流、国内领先,融教育教学、培训指导、终身学习、技能鉴定、科普教育、文化传承于一体的国家级专业教学资源平台。根据教育部《职业教育专业教学资源库运行平台技术要求》、《关于开展职业教育专业教学资源库2020年项目验收评议工作的通知》(教职成司函〔2020〕31号)等文件的要求,项目建设团队从以下几个方面进行总结:宝玉石资源库的基本情况、宝玉石资源库的整体建设情况、总体建设成果、各子项目建设成果、项目绩效目标的完成情况、特色与创新、存在的问题、后续的建设工作与规划。

第二节 宝玉石资源库的基本情况

一、建设思路

宝玉石资源库建设遵循顶层设计、合作共建、资源共享,以共性指标为主、兼顾个性指标,网络运行、持续更新的基本思路。教学资源建设紧跟产业及技术发展趋势和时代要求,建立校企联合、产业互动的"校企行"(学校、企业、行业)三方联动机制,推进宝玉石资源库建设项目的高水平开展和高质量实施。

1. 专家指导——强强联合,组建高水平项目建设团队

引进珠宝首饰行业专家、企业专家和职业教育专家组建宝玉石资源库建设指导委员会,对项目建设进行分工协作,落实项目的建设任务、组织机构、部门职责、资金管理、推广应用、绩效考核、督导检查等。

2. 顶层设计——以专业集群化为基点,规划建设共享型资源库

以提升宝石专业(群)人才培养质量和社会服务能力为核心目标,对课程开发、教学设计、教学实施、资源建设进行顶层设计,构建起兼顾专业学历教育、社会技能培训、专业教学资源与行业技术更新的整体解决方案。

3. 资源共享——"校企行"三方合作共建高质量资源

宝玉石资源库建设以"校企行"三方融合为根基,最大范围地汇集"校企行"三方的社会资源、技术资源、教育资源和人力资源,共建高效的资源采集、开发、运行与管理平台,并根据行业、企业的技能人才标准,制定教学标准,根据行业、企业的工作过程设计针对性教学方案。

4. 能学辅教——共性个性结合,强化拓展宝玉石资源库服务社会功能

在宝玉石资源库的建设中,针对宝石专业(群)的职业岗位及技能要求,建设普适性的教学资源,同时考虑学习者的个体差异,注重资源的多层次、多元化的结构特点,不断丰富内容,积极营造灵活、自主、开放、个性化的学习环境,最大限度地满足不同层次、地域学习者的个性化需求,体现共性和个性相结合的特点。

5."三全育人"——深化课程思政改革,发挥宝玉石资源库主渠道作用

深入学习贯彻习近平新时代中国特色社会主义思想和党的十九大精神、党的二十大精神,贯彻全国高校思想政治工作会议精神,进一步落实"立德树人"的根本任务,探索课程思政的有效途径,充分发挥宝玉石资源库中各类课程的协同育人效应,将知识传授与价值引领有机贯穿教育教学全过程,提升课程思政育人实效,积极构建全员育人、全过程育人、全方位育人的思想政治教育大格局,建设一批具备德育元素和发挥德育功能的综合素养专业课程。

6. 数字技术——依托互联网技术,常态化更新数字化资源

项目建设团队依托"智慧职教"教学资源平台,利用"互联网+"渠道为学校、企业和社会的学习者提供资源检索、信息查询、资料下载、教学指导、学习咨询、就业支持、人员培训等服务,最大限度地发挥宝玉石资源库的效用,满足学校人才培养、企业人员技能提升、社会人员知识普及等需求,实现优质资源共享,推动"三教"改革,提高人才培养质量,增强社会服务能力。

7. 与时俱进——紧跟产业发展,落实职业教育改革要求,服务国家战略

紧随3D打印、人工智能、新零售等新兴技术和商业模式的发展,企业对一线技术工人和营销人员的要求逐步提升。宝玉石资源库建设主动对接产业变化,将新知识、新技术、新工艺、新理念不断地汇聚到宝玉石资源库建设中,牢牢把握《中华人民共和国职业教育法》和高水平院校及高水平专业群建设需求,对接"1+X"教学改革举措及要求,通过共享持续、丰富的学习与培训资源,促进行业队伍结构优化,推动企业技术进步,实现产业转型升级。

二、建设目标

宝玉石资源库的建设应满足我国珠宝首饰产业结构优化升级的需要,以行业、企业为依托,整合行业、企业及教育资源,建设高质量、有特色、国际化的专业教学资源库,把宝玉石资源库融入珠宝首饰行业和社会经济的变化发展之中,为"不断满足人民对美好生活的需要"和我国珠宝首饰行业及现代服务业的发展提供专业知识服务支撑。

宝玉石资源库的建设紧紧围绕珠宝首饰行业发展,以用户需求为核心,以培养高素质珠宝首饰鉴定、设计、加工及营销技术技能人才为宗旨,按照"统一技术标准,控制建设进度,监控建设质量,检查使用效果"的管理要求,以"一体化设计、结构化课程、颗粒化资源"的建构逻辑,联合17所职业院校和15家行业组织、企业,采用先进的数字资源开发技术,建成国内领先的资源库——既是集教学设计、教学实施、教学评价、虚拟实训、行业职业资格认证培训、职业技能大赛培训、社会培训等于一体的资源中心,也是提供在线资源浏览、在线信息查询、教学组课、在线组卷、在线学习、在线交流、在线测试等服务及具备时代性、前瞻性和行业引领性的管理与学习平台。

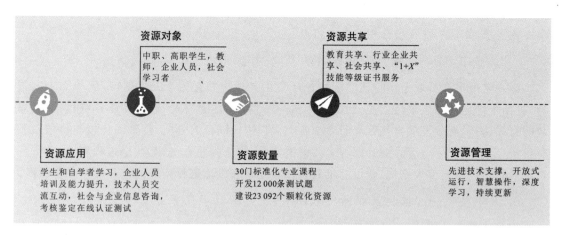

宝玉石资源库建设的核心目标

宝玉石资源库的建设汇集教育、行业、企业等领域的教学资源,运用先进的数字化技术,遵循"共建共享、互融互通、易建易扩"的建设思路和建设原则,服务各类学习者;完善"能学辅教"在线平台,向全国此类专业教学提供智能化"资源+课程+评价"学习管理一体化共享资源系统,助力职业院校教学改革,强化信息化、智慧化、数字化教学;服务行企培训、社会咨询、国际交流,提升宝玉石资源库的战略服务能力。

三、建设任务

宝玉石资源库的建设任务主要涉及以下6个方面。

1."共建共享"的机制建设

2018年7月,项目建设团队自发成立全国珠宝职业教育联盟,制定了《全国珠宝职业教育联盟章程》《宝玉石鉴定与加工专业教学资源库项目管理办法》《宝玉石鉴定与加工专业教学资源库项目建设团队管理细则》《职业教育宝玉石鉴定与加工专业教学资源库建设规范与标准》《宝玉石鉴定与加工专业教学资源库学分互认办法》等多项制度,确保宝玉石资源库规范建设、有序运行、高效应用。

2."结构化"的专业建设

全国分区域开展珠宝首饰产业发展调研,分析专业人才需求现状,开展职业岗位及典型工作任务调研,撰写了《珠宝首饰产业发展分析报告》《宝玉石鉴定与加工专业课程体系分析报告》等。根据调研分析,"'校企行'三位一体"共同确定本专业的人才培养目标、课程体系

第三节 农光互补能源库的整体建设情况

一、建设情况

(一)建设规划

农光互补能源库的建设规划涉及多个阶段,每个阶段都有具体的建设内容和目标。

建设阶段	建设内容	建设目标
起步建设与运营阶段 (2018年7月—2020年1月)	网络化智能服务 平台建设	围绕平台基础架构,搭建硬件基础平台,门户网站建设,子平台的设计、制作、上线、调试与投产,人才引进与培养、技术交流与合作、平台的宣传推广,通过数据采集和整理并接入能源库,通过十一个模块,实现能源库的信息化运行,可靠经营	使农光互补能源库的信息化运行,可靠经营,实现持续发展的服务体系
推广运营与扩展阶段 (2020年1月—2021年1月)	社会服务建设	完成大数据采集、测算接线通道、大平台的服务功能,其他社会服务项目及能源库项目建设,拓展与国内外能源机构及科研的合作,实现能源库项目运营	进一步完善农光互补能源库水平,围绕农光互补水平,满足农光互补用户需求
	推广和重塑	进一步完成农光互补能源库水平,围绕农光互补用户需求,满足农光互补水平,学习国内外先进技术,持续开展能源建设,持续重新建设完善能源库	学习国内外先进技术,持续开展经济合理手段改进和改造,未来能源库的高附加值
巩固完成与持续 发展阶段(2021年 1月—)	完成农光互补能源库建设项目和构架建设,通过宣传提升优化,有效推广应用,推动农光互补能源库,推动国家院路,有效推广应用		成为每年重要能源产量10%以上

二、运营情况

(一)建设数据

1. 基础建设材料数据

截至2021年12月31日,农光互补能源库上传民国版块累计图书15281个,编辑化数据25301个,其中纸媒类10786个,数字媒体类8917个,期刊内容类52个,文本类1853个,图片图像类1754个,文本类图像类和数字类数据比例为49.50%,杂料类数据占总数量 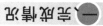的图片数据占比为83.37%。

第一章 项目的课程建设

计,出台《职业教育专业土木工程施工课程资源库建设项目专项申报指南》,经教育部批准,专家咨询及论证,课程资源库的建设标准和评审条件正式项目立项申报。2021 年 1 月,经专家评议,项目正式建设阶段。课程建设以"能学辅教"为目的,以"结构化课程、颗粒化课程资源"为目标,按"两性一度"的要求,按照对课程建设进行项目化管理,突出重难点课程建设,支持每门课程重难点(即大学开放式网络课程 massive open online courses,课程 10% 以上,积极推进课程学习资源的"广覆盖、应有尽有、求精求深"。建设标准。服务内涵建设,服务"一带一路"倡议。

土木工程施工课程建设历程一览表

建设阶段	建设内容		建设目标
自主建设与申报立项阶段 (2016 年 5 月—2018 年 7 月)	课程调研	对学生土木工程施工国内中小型施工企业应用的相关进行分析,调研,获取课程资源库应用现状信息,探讨参加工作后,使用对课程资源库的需求分析和培训需求等。	按照土木工程施工专业人才培养方案,探讨和研究当前土木工程施工行业发展,积极研究有效的提升教学方法及学生学习体系,搭建土木工程施工专业课程资源库,探索开发与开发标准
	方案实施与内容细化	明确开发方案及主要内容,研究工作主要方法和研究技术方法,在此基础上构造可行的人才培养方案。	
	结构优化	确定土木工程施工课程资源库,分析和制作符合标准,拟定与设计框架。	
专题建设与开发 精品阶段 (2018 年 7 月—2020 年 1 月)	资料收集	搜集和整理国内外主要土木工程施工及其他行业开放式的资源,加以整理,作为土木工程资源库设计所参考资料及工作配套学习,为土木工程课程资源库做好配套资源。	紧抓主要土木工程资源库工作,调整、加强并完善各项工作,完成主要资源的开发工作,便学员了解、掌握主要资源内容。
	素材整理	对土木工程课程资源库相关素材整理,编辑并整理课程资源库素材。	
	课程资源素材编辑	对各土木工程课程资源库素材进行编辑,同步进行各区推广课程资源库,书写并保持各课程资源素材做好编辑工作。	
	课程资源库教学	完善各区域特色资源建设,按照主土木工程资源库及规则区域分为 5 个方面,分别为各学校特色资源模块共同建设,也包括学习资源,以供学习教学资源或"文化资源"。	

职业教育特色专业建设与应用工程专业教学资源库建设与应用研究

的要求，把我院本专业（群）特色优势教育资源改造成为人才培养方案。

目前建设标准化专业课程6门，精品数字课程建设初步取得初步成效，打开了专业特色，按课程方案建设进度完成，融合各类教学资源，构建特色人才培养方案，开展了专业论证会，邀请各院校的教育专家，行业专家对本专业人才培养的方案，课程体系和教学内容进行论证，并充分听取专家建议，将院校专业建设方案上报教育部，完成立项申报工作。

2. 专业课程建设与应用开发阶段（2018年7月—2020年1月）

根据项目任务书和项目建设方案，成立了资源库建设委员会，实施三级建设机制，汇聚校内校外优秀教师及行业企业精英，形成了各类型资源库建设团队。按计划组织各院系开展资源库建设工作，定期检查进度，落实任务安排，构建资源库特色形成的资源体系。构建开展资源建设的专业结构体系，结合专业开展工作，重点在专业建设领域，"资源建设"按照专业要求，根据学校人才培养和专业方案需要，使其具有开展教学工作，人才培养标准，人才培养方案，明确30门标准化专业课建设要求，明确多个专业课课程标准，制定了各专业的课程标准，人才培养方案和课程教学和教学资源标准体系。设计开发"1+X"证书培训，论证人才培养方案，人才培养资源的教学培训体系标准。设计开发"互联网+"资源库应用平台水平提高，使其具有全校范围内的自主学习、教师使用资源的主渠道、开展行业和水平提升、社会人员自主培训，普惠各学校，中小学校特色最佳学习资源的功能。

3. 推广与应用示范阶段（2020年1月—2021年1月）

构建资源库持续应用机制，开展内部推广、应用。在完善本校开展资源库应用工作，通过制定《专业主干课程与加工专业资源库建设项目资源库建设管理办法》《专业主干课程与加工专业资源库建设项目资源库开放共享管理办法》等相关制度，明确本校各院系的与加工专业主干课程及加工的教师所有资源、实现资源库的共享建设，重视和持续在建设、补充，完善的使用，加大推广、使用力度。扩大资源库建设院校的影响力。

在省内国家主干专业行业等方面介绍及推广资源库的使用，扩大主干资源库在建设单位以外的应用。

目前已在建设了40多所，利用资源的方法进行应用推广，在建设完成其他相关的职业建设教材及项目培训教材，利用信息技术课件，发布信息、分享经验，进行交流和扩大，对外培训等项目建设和推广的应用并接入文件，公布专业及教育培训，分析了各专业的工作和用户。

利用数字化授课的"云课堂"，搭建线上教学平台和各类教师数字教学和日常学习等。"云课堂"，将在平台的网络化教学开发教学资源库，参训在线课程建设，请加入新建更多资源库，建立网上互动学习的模式组织，登上千万人点击资源库，并表持各自色的浮游，有效提升资源库支持教师培训的规则，"育潜人培养"的服务能力。

4. 通过验收与持续完善阶段（2021年1月—）

2020年12月，按教育部要求，专业申报位建设项目以广东机电职业技术学院为牵头单位申报《职业教育主干课程与加工专业》，获得立项，由具有权威的四方单位机构资助的项目通过验收事件，并推动主体任务多元化应用事件。

第一章

项目的建设情况

结构、完善人才培养方案。依据国家标准、行业标准、企业标准，结合学院的医院教学标准，没置基于岗位的专业教学标准，充分满足云南省内医院对于人才培养的需求，突出"特色化"专业建设，引导学院建设接近市场的课程体系。

3. "模块化"的课程与考核建设

建设老年护理使用门网课，构建网络课程库，建设项目式学习课程，满足课程模块化、行业化需求，让学生自主选择学习内容。针对最紧缺老年护理，打造精品课程《老年介护》(每名护生必学，满足中心，卒训中心)，幕课大讲堂。"1+X"证书，老年护理师培训师，满足培院及社会接受各工护服训的需求，及老年护理学与医院接合的需求，并开发老年护理课程数字库和应用能力。

4. "信息化"课程建设

围绕老年护理(楼)对应的"文化公司、信息系统、医养桃套、设计加工"等体提普遍4个未业课程课程，基于对岗位工作过程的动静分析，设计本专业(楼)核心课程建设，对于岗位工作相关，行业标准和企业标准，联系新的企业工作案件，搭建老年护理专业工种上专业集群服务和就业的可能。行动分析，本教老年护理专业人才培养4个未业课程。"翻转学习"。学生通过"互联网+"采访老年护理专业使4个核心课程和对应的30门标准化专业课程推进，开发"互联网+"资源库特色数字数材建设、师资、课程教学学校和技能评价，建立模块化课程链，实现老年护理的设计。

5. "翻转化"来材课程建设

围绕教师、学生、企业人员、行业专家等学习对象构建4类用户，建设课程资源达成本上百个。依据"工作过程——教师行动"选择4个核心课程，通过老化老师的4门标准化老年护理学生能力数据、并搭建常用每个体能可以通过文本、图片图像、音频、视频、动画等使用对方术、信息系统等多种方式完成课程资源化数据25 301 个。

6. "互联网+"课程大应用

打造信息化教师师资量，积极推进预防教研、新训教学、进行学习、科研学习，完善老师自主学习、结构化、探究化、开展学习的模式、真正有VR等多项技术集教学老年护理的"翻转化"、小组化、协作式"教学，实施4来以同往在线学习与互动交流。

(二) 课论历经

当年在资源库项目申报，通过反汇行，经项目了3周的反动项目按时4年末，并具体分为4个阶段。

1. 项目课程资源与申报立项的阶段(2016年5月—2018年7月)

确定组织机构，成立领导小组、办公室、明确各项目组人员，落实分批各项具体事项，对各工作任务具体工作任务。

组织项目课程整理，对接专业行业需求，调研网络运程优势与劣势项目在资源展现，对接未来发展方向，成立基层调研组，承担课程工作任务，了解老年护理资源的网站、资源、精力，管理等方

资源库素材资源数量目标完成表

项目		完成情况
颗粒化资源数量	视频类	10 786 个
	动画类	230 个
	音频类	344 个
	虚拟仿真类	52 个
	教学课件	8917 个
	文本类	1853 个
	图形图像类	1754 个
	其他	1365 个
视频类占比		42.63%
动画类占比		0.91%
虚拟仿真类占比		0.21%
文本类、图形图像类和教学课件占比		49.50%
试题库测试题总量		15 281 个
原创资源占比		83.37%
活跃资源占比		99.00%

注:数据统计截至 2021 年 12 月 31 日。

2. 课程开设数据

截至 2022 年 10 月,标准化专业课程 30 门,运用职教云开展课程 700 门以上,MOOC 5 门,微课类课程上线 1068 个,典型工作任务 74 个。

资源库各类课程完成情况表

资源类别	完成总数量	完成率/%
微课类	1068 个	104.9
典型工作任务	74 个	105.7
标准化专业课程	30 门	100
专业核心课程	12 门	100

续表

资源类别	完成总数量	完成率/%
社会培训课程	3门	100
专业创新创业课程	1门	100
专业基础课程	6门	100
专业拓展课程	8门	100

注：数据统计截至2022年10月。

3. 标准化专业课程开课数据

建设完成标准化专业课程30门（包括专业基础课程6门、专业核心课程12门、专业拓展课程8门、社会培训课程3门、专业创新创业课程1门）。课程自2016年开始搭建，截至2021年1月初，30门标准化专业课程的总学习学生人数达59 641人，全部课程均完成2轮及以上的开课学习。其中，钻石鉴定与分级、宝玉石鉴定仪器等6门课程开课8轮以上，常见玉石鉴定、晶体与矿物认知等5门课程开课4轮以上，其余新建课程已开设2~4轮，课程使用效果良好。

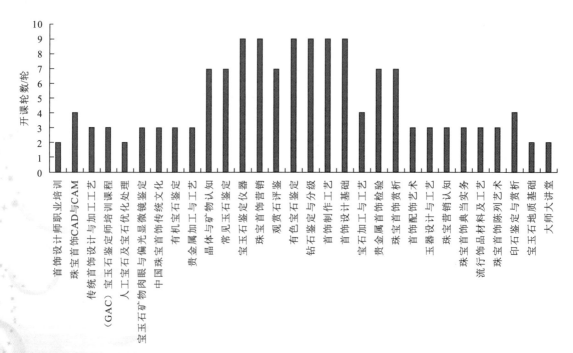

课程名称

宝玉石资源库标准化专业课程开设统计图

（数据统计截至2021年1月初）

第一章 项目的建设情况

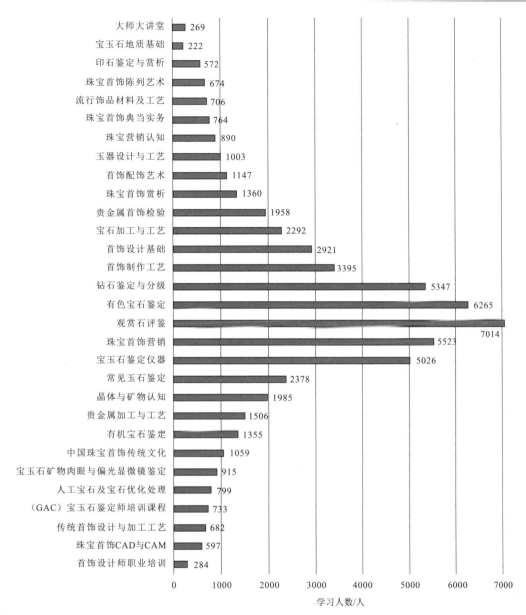

宝玉石资源库标准化专业课程学习人数统计图

（数据统计截至2021年1月初）

4. 课程使用数据

截至2022年10月，宝玉石资源库实名注册人数达5.2万余人，他们来自全国1500余所院校、300余家企业。其中，学生3.4万余人，教师3300余人，企业人员5600余人，社会学习者1600余人。统计数据显示，主持院校专业教师实名注册比例为100%，使用宝玉石资源库进行专业教学的学时数占专业课总学时数的比例达65%以上，课程使用率达100%，试题库测试题使用率达60%以上。

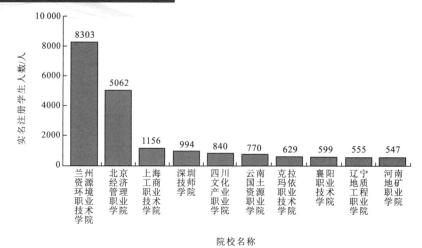

截至2022年10月宝玉石资源库部分使用院校的学生实名注册学习人数统计图

建设院校的宝玉石资源库使用情况

建设院校	使用宝玉石资源库进行专业教学的学时数占专业课总学时数的比例/%	学生实名注册人数（可以使用）/人	备注
北京经济管理职业学院	90	5062	主持院校
兰州资源环境职业技术学院	85	8303	主持院校
上海工商职业技术学院	80	1156	联建院校
上海信息技术学校	78	228	联建院校
四川文化产业职业学院	72	840	联建院校
深圳技师学院	71	994	联建院校
辽宁地质工程职业学院	68	555	联建院校
辽宁机电职业技术学院	65	384	联建院校
云南国土资源职业学院	72	770	联建院校
梧州学院	67	210	联建院校
青岛经济职业学校	75	462	联建院校
安徽工业经济职业技术学院	85	442	联建院校
新疆职业大学	72	463	联建院校
河南地矿职业学院	85	547	联建院校
北京工业职业技术学院	65	228	联建院校
黎明职业大学	72	186	联建院校
江苏省南京工程高等职业学校	81	225	联建院校

注：数据统计截至2022年10月。

(二)特色板块

1. 创建宝玉石博物馆,展示中华优秀宝玉石文化

宝玉石资源库特色板块——宝玉石博物馆,分为网页版博物馆和3D虚拟博物馆。宝玉石博物馆专设"宝玉石书局"板块,收录了珠宝玉石领域的经典著作,涵盖宝玉石、观赏石、矿物标本、首饰制作、玉雕及工艺美术作品赏析等诸多类型。

"宝玉石书局"的电子书籍(部分)

网页版博物馆分为岩石矿物、宝石、贵金属、工艺美术、"一带一路"沿线艺术区5个模块,每个模块展示数十种相应珠宝首饰及工艺美术作品,系统展现了珠宝玉石的来源、种类及以珠宝玉石为主体材料创作的首饰作品和工艺美术品,可作为宝石专业(群)学生的线上实践基地,同时为广大宝玉石爱好者提供参观和科普的专业窗口。

3D虚拟博物馆整体场景以中国地质大学(北京)博物馆的真实展厅为基础,通过VR技术进行场景再现,涵盖矿物(宝石)简介、矿物(宝石)分类、重点矿物介绍等14个展示场景。用户可以对场景内的岩石和矿物进行移动、放大等操作,便于近距离观看。3D虚拟博物馆为宝玉石爱好者在互联网上建立了3D的虚拟展示世界,形象直观地向人们展示珠宝玉石的悠久历史和晶莹璀璨之美。

网页版博物馆之"'一带一路'沿线艺术区"界面

宝玉石资源库之"3D虚拟博物馆"界面

2. 打造大师大讲堂，普及珠宝常识，传授珠宝玉石设计加工技艺

宝玉石资源库聘请行业协会专家、知名学者教授、一流珠宝首饰设计大师和中国工艺美术大师等行业、企业专家，组建一流大师团队，开办大师大讲堂，在线讲解珠宝玉石常识，传授鉴赏方法和设计加工工艺等，充分发挥宝玉石领域高技能领军人才在带徒传技、工艺传授、文化传承等方面的引领示范作用，将宝玉石鉴定与加工设计相关技术技能革新成果、绝技绝活和中华优秀传统文化加以推广。大师大讲堂的建设成为宝玉石专业人才培养的创新之举，是遵循技能人才成长规律，以大师传技的形式推进中华优秀宝玉石文化的传承，落实"课程思政"和"三全育人"教学改革的平台，同时也是宝玉石领域技能人才开展技术交流的创新平台。

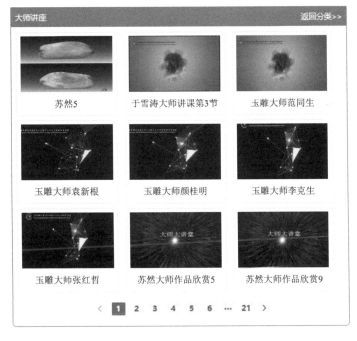

宝玉石资源库"大师大讲堂"之"大师讲座"展示界面

3. 建立"1+X"证书培训模块，提升宝玉石专业学生的职业技能

积极探索"1+X"职业技能等级证书能力标准与学生职业能力培养的有机结合，按照职业教育高质量发展的要求，深化复合型技术技能人才培养培训模式改革。在资源库中建设"1+X"证书模块，将证书培训内容有机融入专业人才培养方案，将证书认证的内容纳入专业课程内容，通过实训项目强化课程教学中未涵盖的证书内容，培养学生的综合职业能力。同时，依托实施"1+X"证书制度的试点，实施学历证书和职业技能等级证书的成果认证、积累与转换，为构建国家"学分银行"奠定基础。

第四节 总体建设成果

一、整体规划，分步实施，顶层设计完整

北京经济管理职业学院作为第一主持单位，联合了16所珠宝专业兄弟职业院校以及15家知名行业组织和珠宝企业，按照项目管理责任体系，统筹规划和组织实施资源库建设。

项目建设团队成员中既有掌握行业先进技术的企业专家，也有具有不同研究专长的深谙教育规律的教育教学专家。

项目首席顾问由我国宝玉石领域著名专家、中国地质大学(北京)博士生导师吴瑞华教授担任。

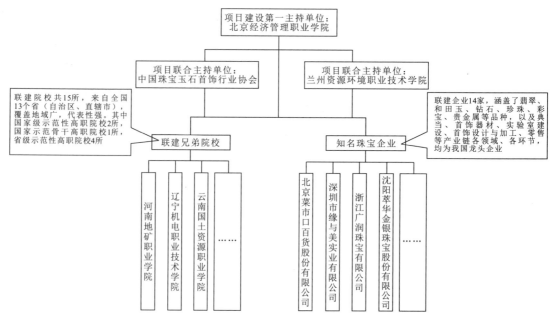

宝玉石资源库的建设单位

在宝玉石资源库的建设过程中,专家组就项目总体规划、组织协调、框架结构设计、课程体系设计、平台结构与资源分类等关键问题和关键技术予以指导,从项目建设策略层面进行顶层设计,重点内容包括:专业家园、学习中心、素材中心、大师大讲堂、"1+X"证书、宝玉石博物馆、课程建设联盟等。同时,资源库建设对不同用户需求进行系统调研,在收集资源和提供服务方面充分考虑不同用户的需求。

(1)资源库满足多层次的使用需求:资源库建设和应用面向职业本科、高职和中职多个教育层次的院校,相关职业培训建设内容也体现了不同层次的职业教育需求。

(2)资源库涵盖宝玉石相关学习领域:资源库主体资源覆盖宝玉石鉴定、首饰设计、首饰加工制作、珠宝首饰营销与管理、珠宝首饰陈列等核心职业岗位所需的所有知识技能点。

(3)资源体现行业发展的最新前沿动态和最新教科研成果。

通过近3年的建设,资源库从宏观层面全面实现了建设预期目标,完成了主体架构,资源库资源量大,涵盖面广,类型丰富,能满足教师、学生、企业人员、社会学习者等不同类型用户的学习需求。

二、依托标准,规范流程,协同推进

为了保障宝玉石资源库建设的规范有序,项目建设团队先后制定项目实施、项目管理、

第一章 项目的建设情况

宝玉石资源库资源建设主体框架图

项目运行、资金管理、成效评估等一系列保障制度，对宝玉石资源库的整体建设、协调管理、资源制作和应用推广都起到了良好的指导作用、规范作用和约束作用。

项目按管理制度实施，从项目进度管理到过程管理、成本控制，再到质量管理均有制度可循。

资金的使用坚持"分级管理、专账核算、专款专用、足额拨付"的原则，建立宝玉石资源库专项资金使用制度，做到资金到位，任务到人，绩效目标落地。宝玉石资源库建设的进度和质量则通过监测数据平台，对项目建设实行全过程监控，实时掌握建设进度和质量信息，有效保障了宝玉石资源库建设的顺利实施。

宝玉石资源库严格遵照《教育部办公厅关于做好职业教育专业教学资源库2017年度相关工作的通知》(教职成厅函〔2017〕23号)、《职业教育专业教学资源库建设工作手册(2019)》、《职业教育专业教学资源库相关技术规范汇编(2017年版)》等文件的要求设计与开发资源，注重资源的技术规范和知识产权问题。

三、质量优先，边建边用，服务"三教"改革

本项目依据"顶层设计、分步实施、联建共享、边建边用、持续更新"的策略实施项目建设。为确保宝玉石资源库建设平台框架和建设步骤合理明确，尽快投入使用，依据项目的顶层设计，首先进行学校教学资源建设，然后同步推进行业企业资源和社会培训资源的建设，"校企行"协同，资源共建共享，保证宝玉石资源库建设方向、建设目标和建设路线的正确性，实现并行推进项目的过程管控，包括建设进度、建设质量和资金使用，保证已开发完成的资

源立即实际运用,实现边建边用,及时发挥资源建设成效。另外,在宝玉石资源库建设中,我们还设置了实时更新、补充、完善宝玉石资源库内容的功能,建立资源质量保障机制,成立质量监控专家组,对宝玉石资源库建设质量进行定期抽查,在历次抽查中资源合格率均达98%以上。

宝玉石资源库也建立了一系列运营机制以便推进宝玉石资源库的深度使用:通过课程设计和教学组织,宝玉石资源库中的课程达到"学、练、做、测、评"的有机统一,学生、企业人员及社会学习者均反馈良好;建设院校均将宝玉石资源库内容实际应用于教师授课、随堂测评、课后作业及学生预习、学习、复习、考试等方面,探索新的教学方法和模式;教师在宝玉石资源库建设中各项教学技能水平显著提升,相应教学能力也显著提高,推动了项目式数字化教材建设,有力落实"三教"改革。

宝玉石资源库平台展示界面(部分)

职教云在线教学平台展示界面(部分)

宝玉石资源库线上、线下课堂学习展示

四、国家水准，共建共享，资源优质丰富

截至2020年10月底，项目建设团队已构建了由学校教学资源、企业学习资源、职业培训资源、行业发展资源、宝石文化资讯等优质资源组成的资源库平台。宝玉石资源库平台内的资源类型丰富，除视频类、动画类、虚拟仿真类、教学课件、文本类、图形图像类等颗粒化资源外，还有微课类、典型工作任务和丰富的试题库测试题（包含职业培训、"1+X"证书培训的考试试题）等。

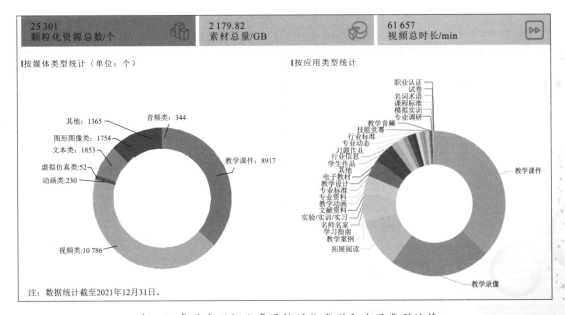

宝玉石资源库颗粒化资源按媒体类型和应用类型统计

30门标准化专业课程是在对行业企业广泛调研的基础上确定的,这些课程均由17所宝玉石类职业院校联合中国珠宝玉石首饰行业协会、北京菜市口百货股份有限公司("中国黄金第一家")、国家首饰质量监督检验中心以及沈阳萃华金银珠宝股份有限公司(上市公司,"中华老字号")等15家全国知名行业组织、企业共建,使专业课程建设与行企发展保持同频共振。

第五节　各子项目建设成果

宝玉石资源库项目充分发挥联合申报单位——中国珠宝玉石首饰行业协会在行业中的桥梁纽带作用,建立"'校企行'三位一体"的共建共享合作模式,广泛甄选社会培训、样品检测、证书教育及企业优质资源,以专业家园＋学习中心＋素材中心＋大师大讲堂＋"1＋X"证书＋宝玉石博物馆＋课程建设联盟七大板块为核心主线进行资源优化整合,构建以学校教学资源、企业学习资源、职业培训资源、行业标准规范政策、行业调研及文化资讯等方面内容为主体的资源平台,重点将"1＋X"证书、宝玉石博物馆、大师大讲堂打造成富有时代特征的特色教学资源板块,满足不同类别、不同群体的个性化学习需求,形成高质量的网络共享服务平台。

一、专业家园建设成果

项目建设团队充分发挥联建院校专业建设优势,充分调研企业人才需求,经过多方论证,从专业建设(专业介绍、招生资料、专业调研、校企合作、师资队伍、实训基地、人才培养方案)、职业岗位(职业岗位描述、典型工作任务分析、职业素质)、行业规范(行业标准、规章制度、法律法规)、技能大赛(珠宝玉石鉴定大赛、钻石分级竞赛、首饰设计制作大赛、宝石切磨大赛)、科研成果等方面进行专业资源的建设,为宝石专业(群)课程搭建提供相应专业资源,提供优质的专业建设资源,以提升宝石专业(群)建设水平。

根据《专业教学资源库项目管理办法》和建设任务等,建立资源建设和应用的质量标准,明确资源分类、资源编码和资源质量要求;同时根据宝玉石资源库建设的需要,针对宝玉石专业的人才结构、人才需求现状,结合企业职业岗位设置情况,以及工作中典型工作任务过程和工作要求,不断完善相关专业资源。定期和上级部门进行沟通,定期审查子项目实施进度和建设质量。建立绩效考核制度,对子项目进行工作运行监测,并对各子项目实施绩效考核,确保各子项目按计划完成,达成建设目标。

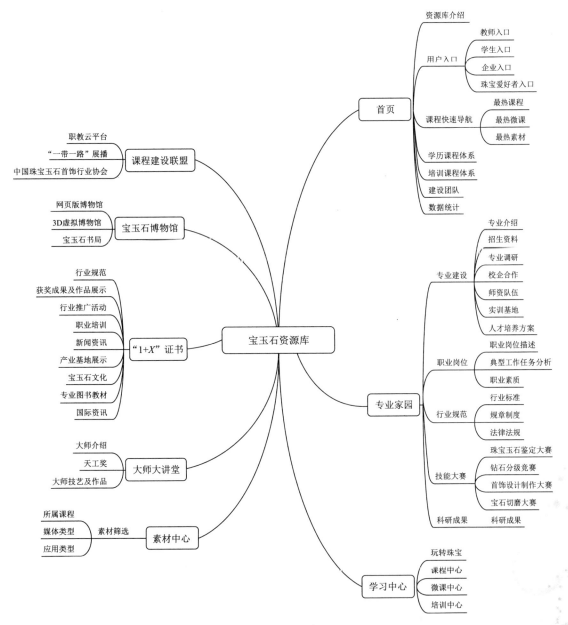

宝玉石资源库七大板块建设成果梳理图

宝玉石资源库专业建设和标准与规范资源发布情况统计表

序号	资源类别	资源名称	类别
1	专业建设	《宝玉石鉴定与加工专业人才培养方案（2020年修订版）》	培养方案
2		《宝玉石鉴定与加工专业（玉雕技艺传承方向）人才培养方案》	培养方案
3		《宝玉石鉴定与加工专业实训基地标准》	标准文件
4		《宝玉石鉴定与加工专业课程体系分析报告》	专业调研报告
5		《宝玉石鉴定与加工专业人才需求问卷调查表》	专业调研报告
6		《宝玉石鉴定与加工专业人才需求调研报告》	专业调研报告
7		《珠宝专业中、高职衔接实施方案》	课程标准
8		《专业面向的职业岗位群及能力要求分析报告》	专业调研报告
9		《中国珠宝教育现状报告》	专业调研报告
10		《2012年珠宝企业经营状况调研报告》	专业调研报告
11		《2014年上半年北京市场调研报告》	专业调研报告
12		《宝玉石鉴定与加工专业职业岗位描述》	专业调研报告
13		《珠宝首饰鉴定中心员工岗位职责》	专业调研报告
14	标准与规范	《钻石分级》(GB/T 16554—2017)	国家标准
15		《珠宝玉石 名称》(GB/T 16552—2017)	国家标准
16		《钻石分级》(GB/T 16554—2017)	国家标准
17		《石英质玉分类与定名》(GB/T 34098—2017)	国家标准
18		《文物藏品定级标准》（文化部令第19号，2001年）	政策文件
19		《首饰 贵金属含量的测定 X射线荧光光谱法》(GB/T 18043—2013)	国家标准
20		《祖母绿分级》(GB/T 34545—2017)	国家标准
21		《珠宝玉石及贵金属产品抽样检验合格判定准则》(GB/T 33541—2017)	国家标准
22		《珠宝玉石鉴定》(GB/T 16553—2017)	国家标准
23		《首饰贵金属纯度的规定及命名方法》(GB 11887—2012)	国家标准
24		《贵金属饰品》(QB/T 2062—2015)	行业标准
25		《黄色钻石分级》(GB/T 34543—2017)	国家标准
26		《翡翠分级》(GB/T 23885—2009)	国家标准
27		《首饰 贵金属纯度的规定及命名方法》(GB 11887—2012)	国家标准
28		《珍珠分级》(GB/T 18781—2008)	国家标准
29		《贵金属饰品术语》(QB/T 1689—2021)	行业标准

续表

序号	资源类别	资源名称	类别
30	标准与规范	《金锭》(GB/T 4134—2015)	国家标准
31		《红宝石分级》(GB/T 32863—2016)	国家标准
32		《饰品 有害元素限量的规定》(GB 28480—2012)	国家标准
33		《数值修约规则与极限数值的表示和判定》(GB/T 8170—2008)	国家标准
34		《室内装饰装修材料 人造板及其制品中甲醛释放限量》(GB 18580—2017)	国家标准
35		《合成立方氧化锆》(DB45/T 192—2004)	地方标准
36		《玉雕制品工艺质量评价》(GB/T 36127—2018)	国家标准
37		《香港翡翠标准测试方法》(HKSM/FCT—2016)	地方标准
38		《珠宝玉石及贵金属产品分类与代码》(GB/T 25071—2010)	国家标准
39		《金属材料 维氏硬度试验 第4部分:硬度值表》(GB/T 4340.4—2009/ISO 6507-4:2005)	国家标准
40		《镀层饰品 镍释放量的测定 磨损和腐蚀模拟法》(GB/T 28485—2012)	国家标准
41		《首饰 银覆盖层厚度的规定》(QB 1132—2005)	行业标准
42		《动产典当操作技术规范 第1部分:贵金属、珠宝玉石和钟表典当》(SB/T 10539.1—2009)	行业标准
43		《钟表 功能和非功能宝石》(GB/T 30415—2013)	国家标准
44		《绿松石分级》(GB/T 36169—2018)	国家标准
45		《拍卖企业的等级评估与等级划分》(GB/T 27968—2011)	国家标准
46		《电热和电磁处理装置基本技术条件 第414部分:工业宝石炉》(GB/T 10067.414—2018)	国家标准
47		《珠宝玉石鉴定职业技能等级标准(2020年1.0版)》	行业标准
48		《金属基体上的金属覆盖层 电沉积和化学沉积层 附着强度试验方法评述》(GB/T 5270—2005/ISO 2819:1980)	国家标准
49		《蓝宝石分级》(GB/T 32862—2016)	国家标准
50		《银合金首饰 银含量的测定 伏尔哈特法》(GB/T 11886—2015)	国家标准

二、学习中心建设成果

主持单位联合15所联建院校共同建设学习中心。学习中心包括玩转珠宝、课程中心、微课中心、培训中心四大板块。其中:玩转珠宝板块以典型工作任务为中心,开发完成74个典型工作任务;课程中心板块包括专业基础课、专业核心课、专业拓展课三大类标准化专业课程；微课中心板块拥有 1068 个高质量微课；培训中心板块则拥有"校企行"共同开发的特色培训课程。

宝玉石资源库课程典型工作任务一览表

序号	课程名称	典型工作任务名称
1	钻石鉴定与分级	如何选购钻石？
2	宝玉石鉴定仪器	偏光镜的使用
3	有色宝石鉴定	红宝石与红色尖晶石的鉴别
4	首饰设计基础	六爪皇冠镶钻石戒指的画法
5	首饰制作工艺	包镶结构的制作与镶嵌
6		金属的锯切
7	珠宝首饰营销	珠宝首饰拥有和佩戴情况调查
8		首饰营销都面向哪些群体好呢？
9	贵金属首饰检验	典当行如何鉴别足金材质？
10	晶体与矿物认知	硫化物矿物的描述与鉴定
11	观赏石评鉴	菊花石的评鉴
12	（GAC）宝玉石鉴定师培训课程	如何对翡翠进行质量评价？
13		红宝石的鉴赏
14		钻石的鉴赏
15	印石鉴定与赏析	隋唐宋金元印石
16		秦汉印石
17		昌化鸡血石
18	常见玉石鉴定	和田玉的鉴别
19	珠宝首饰赏析	美美的蒂芙尼首饰
20	传统首饰设计与加工工艺	花丝工艺设计与制作
21		珐琅制作工艺流程
22		錾刻制作工艺流程
23		花丝工艺制作流程
24	宝石加工与工艺	宝石的切磨
25		刻面型宝石加工工艺
26		弧面型宝石加工工艺
27	贵金属加工与工艺	首饰起版工艺
28		首饰镶嵌工艺
29		首饰执模工艺

续表

序号	课程名称	典型工作任务名称
30	流行饰品材料及工艺	人工宝石饰品的合成工艺
31		铜合金饰品及生产工艺
32		陶瓷饰品生产工艺
33	首饰配饰艺术	服饰搭配原则
34		骨架线串珠手链编织
35		转运珠戒指制作
36		社区绳艺服务常用编织技能
37	有机宝石鉴定	大自然的生命瑰宝之贝壳
38		大自然的生命瑰宝之珊瑚
39		大自然的生命瑰宝之珍珠
40		大自然的生命瑰宝之琥珀
41		大自然的生命瑰宝之猛犸象牙
42	中国珠宝首饰传统文化	夏商周时期的玉器
43		君子比德于玉
44		新石器时期的玉器
45	玉器设计与工艺	玉器植物类挂件
46		复杂刻面宝石绘制方法
47		玉器动物挂件
48		器皿的制作方法
49		问料
50	珠宝首饰典当实务	翡翠典当实务
51		黄金的典当评估实务
52		钻石典当实务
53	宝玉石矿物肉眼与偏光显微镜鉴定	聚形的分析
54		偏光显微镜的调节与校正
55		未知矿物肉眼鉴定实践
56	珠宝首饰陈列艺术	道具的陈列
57		品牌店中黄金饰品的陈列
58		珠宝私人定制和珠宝批发展厅的陈列区别

续表

序号	课程名称	典型工作任务名称
59	人工宝石及宝石优化处理	冷坩埚法合成宝石的鉴别
60		水热法合成宝石的鉴别
61		焰熔法合成宝石的鉴别
62		热处理宝石的鉴别
63	珠宝首饰CAD与CAM	手镯建模
64		吊坠建模
65		戒指建模
66		耳饰建模
67	珠宝营销认知	送客
68		珠宝首饰的保养方法
69		销售准备
70	首饰设计师职业培训	犀牛戒指建模
71		设计定制戒指流程
72	大师大讲堂	苏州玉雕大师及作品赏析
73		苏然大师讲座
74		花丝工艺及作品赏析

各频道的典型工作任务一览表

序号	频道名称	典型工作任务名称
1	全国职业院校技能大赛	全国职业院校技能大赛珠宝玉石鉴定赛项
2	学生频道	战胜疫情，从我做起
3	企业频道——周大福	周大福的品牌与文化
4		珠宝的STP营销
5		奢侈品及消费行为分析
6	合作企业——沈阳萃华	销售礼仪与服务
7		企业文化培训（萃华）
8		你认识培育钻石（合成钻石）吗？
9	企业频道——缘与美	缘与美的创新
10		缘与美品牌与创新
11		珠宝产品的包装
12	合作企业——深圳迪迈	3D自由雕塑初级应用
13		Jewelry CAD初级教程

30门标准化专业课程一览表

序号	课程名称	课程类型	负责院校
1	钻石鉴定与分级	专业核心课程	北京经济管理职业学院
2	有色宝石鉴定	专业核心课程	北京经济管理职业学院
3	常见玉石鉴定	专业核心课程	北京经济管理职业学院
4	首饰设计基础	专业核心课程	北京经济管理职业学院
5	首饰制作工艺	专业核心课程	北京经济管理职业学院
6	贵金属首饰检验	专业核心课程	北京经济管理职业学院
7	珠宝首饰营销	专业核心课程	北京经济管理职业学院
8	玉器设计与工艺	专业核心课程	新疆职业大学
9	珠宝首饰典当实务	专业核心课程	上海工商职业技术学院
10	珠宝首饰CAD与CAM	专业核心课程	深圳技师学院
11	宝石加工与工艺	专业核心课程	辽宁地质工程职业学院
12	有机宝石鉴定	专业核心课程	河南地矿职业学院
13	宝玉石鉴定仪器	专业基础课程	北京经济管理职业学院
14	晶体与矿物认知	专业基础课程	兰州资源环境职业技术学院
15	宝玉石地质基础	专业基础课程	北京工业职业技术学院
16	中国珠宝首饰传统文化	专业基础课程	上海信息技术学校
17	珠宝营销认知	专业基础课程	辽宁机电职业技术学院
18	宝玉石矿物肉眼及偏光显微镜鉴定	专业基础课程	云南国土资源职业学院
19	观赏石评鉴	专业拓展课程	兰州资源环境职业技术学院
20	贵金属加工与工艺	专业拓展课程	兰州资源环境职业技术学院
21	印石鉴定与赏析	专业拓展课程	兰州资源环境职业技术学院
22	传统首饰设计与加工工艺	专业拓展课程	四川文化产业职业学院
23	人工宝石及宝石优化处理	专业拓展课程	深圳技师学院
24	流行饰品材料及工艺	专业拓展课程	梧州学院
25	首饰配饰艺术	专业拓展课程	青岛经济职业学校
26	珠宝首饰陈列艺术	专业拓展课程	安徽工业经济职业技术学院
27	珠宝首饰赏析	社会培训课程	北京经济管理职业学院
28	(GAC)宝玉石鉴定师培训课程	社会培训课程	中国珠宝玉石首饰行业协会
29	首饰设计师职业培训	社会培训课程	上海工商职业技术学院
30	大师大讲堂	专业创新创业课程	北京经济管理职业学院

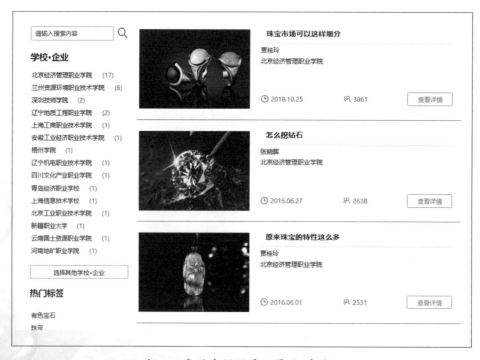

宝玉石资源库专业核心课程之"有色宝石鉴定"

宝玉石资源库微课展示界面（部分）

第一章 项目的建设情况

典型工作任务——硫化物矿物的描述与鉴定

逯娟
兰州资源环境职业技术学院

2017.06.26　　　568　　　查看详情

典型工作任务——和田玉的鉴别

王卉
北京经济管理职业学院
在生活中我们经常能接触到和田玉,今天就学习怎样对和田玉进行鉴别吧。

2017.06.26　　　565　　　查看详情

典型工作任务——美美的蒂芙尼首饰

邢瑛梅
北京经济管理职业学院
蒂芙尼是世界著名的珠宝品牌,大家想了解这个品牌珠宝的美丽之处吗?请参加学习今天的课程

2017.07.06　　　431　　　查看详情

典型工作任务——偏光镜的使用

石振荣
北京经济管理职业学院
偏光镜是一种操作极其方便的宝石鉴定仪器,通过本课我们可以学习到如何用偏光镜检测宝石的光性、轴性及多色性能。

2017.06.19　　　411　　　查看详情

宝玉石资源库课程的典型工作任务展示界面(部分)

宝玉石资源库课程的虚拟仿真项目一览表

序号	课程名称	虚拟仿真项目名称
1	钻石鉴定与分级	钻石的琢形
2		钻石戒指赏析仿真视频

续表

序号	课程名称	虚拟仿真项目名称
3	宝玉石鉴定仪器	紫外荧光灯虚拟仿真
4		折射仪刻面法仿真
5		显微镜与放大镜使用仿真
6		偏光镜干涉图观察仿真
7		分光镜操作仿真
8		二色镜操作仿真
9	有色宝石鉴定	红宝石仿真欣赏
10	首饰设计基础	摩天轮吊坠钻戒仿真
11	首饰制作工艺	包镶镶嵌工艺
12	珠宝首饰赏析	卡地亚钻石赏析仿真视频
13	珠宝首饰营销	故宫博物院生肖纪念币观赏
14	贵金属首饰检验	滴定法
15		ICP金属测定
16	（GAC）宝玉石鉴定师培训课程	玉佛赏析
17		手镯钻戒赏析
18	印石鉴定与赏析	皇后之玺
19		国师之印
20		白兰王
21	传统首饰设计与加工工艺	传统花丝工艺首饰虚拟展示厅-1
22		传统花丝工艺首饰虚拟展示厅-2
23	宝石加工与工艺	刻面宝石加工工艺虚拟仿真
24		弧面宝石加工工艺虚拟仿真
25	贵金属加工与工艺	注蜡机虚拟仿真操作
26		压膜机虚拟仿真操作
27	流行饰品材料及工艺	宝石摄影虚拟仿真实验
28		宝石琢形加工工艺虚拟仿真实验
29	首饰配饰艺术	服饰搭配仿真——服装与环境
30		服饰搭配仿真——服装与首饰
31	有机宝石鉴定	珍珠养殖过程虚拟仿真
32		再造琥珀工艺虚拟仿真

续表

序号	课程名称	虚拟仿真项目名称
33	中国珠宝首饰传统文化	打开任意门,欣赏丝绸之路沿线首饰(西安站)
34		乘坐时光机,穿越历史,欣赏各时期中国玉文化——以红山文化为例
35	玉器设计与工艺	打钻工艺虚拟仿真
36		玉雕工具使用(平安扣制作)
37	珠宝首饰典当实务	手表专业工具介绍(一)
38		手表专业工具介绍(二)
39		典当业务流程虚拟仿真
40	宝玉石矿物肉眼与偏光显微镜鉴定	宝石矿物偏光显微镜鉴定虚拟仿真
41		宝玉石矿物标本陈列馆
42	珠宝首饰陈列艺术	典藏馆仿真分数版
43		批发展厅分数版
44	人工宝石及宝石优化处理	焰熔法合成刚玉检测流程虚拟仿真
45		水热法合成祖母绿检测流程虚拟仿真
46	珠宝首饰CAD与CAM	CAM快速成型
47		CAM树脂机虚拟仿真
48	珠宝营销认知	希望蓝钻仿真欣赏
49		戒指立体欣赏
50		首饰搭配技巧虚拟仿真
51	首饰设计师职业培训	珍珠首饰3D立体形态细节展示
52		珠宝首饰建模造型展示

宝玉石资源库培训课程建设汇总表

序号	课程名称	备注
1	首饰设计师职业培训	标准化培训课程
2	(GAC)宝玉石鉴定师培训课程	标准化培训课程
3	珠宝首饰赏析	标准化培训课程
4	"1+X"课程培训	个性化培训课程
5	初识宝玉石	个性化培训课程

宝玉石资源库培训课程之"（GAC）宝玉石鉴定师培训课程"的展示界面

三、素材中心建设成果

　　素材中心是资源库素材积件、模块的展现，按所属课程、媒体类型、应用类型等分类，具有检索等功能。所属课程主要包括资源库知识树各课程；媒体类型主要包括文本类、微课类、图形图像类、音频类、视频类、动画类、虚拟仿真类、教学课件等11种；应用类型包括专业动态、专业标准、行业标准、行业信息、课程标准、教学设计、学习指南、技能竞赛、职业认证、名师名家、教学录像、教学课件、教学动画、教学案例、习题作业、学生作品、拓展阅读、专业资料等近30种。素材中心的资源结构完整，促进资源库"能学、辅教"功能的实现。

　　截至2021年12月31日，项目建设团队根据资源库建设要求进行课程任务分工，取得以下资源建设成果：教学课件8917个；视频类素材10 786个；试题库测试题总量15 281个；图形图像类素材1754个；动画类素材230个；音频类素材344个；微课类素材1068个；虚拟仿真类素材52个。

　　宝玉石资源库中的每门标准化专业课程均配套了课程标准、学习模块教学方案设计、电子教案、实训指导教材、教学单元辅助课件等教学文件，每门课程有多种教学设计文档辅助教学实施。同时，项目建设团队与中国地质大学出版社等出版社合作，基于数字化教学资源，陆续出版资源库系列"互联网＋"教材，截至2021年底已出版10本教材。其中《工业汉语——玉器工艺（基础篇）》是为职业教育"走出去"的企业在"一带一路"共建国家培养"精技术、通语言、懂文化"的技术技能型人才的"工业汉语"双语教材。

　　教材内容与宝玉石资源库中视频类、动画类及虚拟仿真类等类型的资源素材配套衔接，

第一章
项目的建设情况

宝玉石资源库素材中心建设汇总表

可通过扫码直接进入学习平台,学习相关内容,有效实现了纸质教材和电子教材的高效融合。

宝玉石资源库教材建设成果(部分)

2019—2021年出版的教材	建设单位	教材类型
《钻石鉴定及分级》	北京经济管理职业学院	"互联网+"教材
《花丝工艺制作技法教程》	四川文化产业职业学院	"互联网+"教材
《宝石矿物肉眼及偏光显微镜鉴定(上册)》	云南国土资源职业学院	"互联网+"教材
《宝石矿物肉眼及偏光显微镜鉴定(下册)》	云南国土资源职业学院	"互联网+"教材
《玉器设计与工艺》	新疆职业大学	"互联网+"教材
《珠宝首饰营销》	北京经济管理职业学院	"互联网+"教材
《中国珠宝首饰传统文化》	上海信息技术学校	"互联网+"教材
《珠宝营销认知》	辽宁机电职业技术学院	"互联网+"教材
《宝玉石鉴赏(第三版)》	北京经济管理职业学院	"互联网+"教材
《工业汉语——玉器工艺(基础篇)》	北京经济管理职业学院	"互联网+"教材

四、大师大讲堂建设成果

项目建设团队在资源库平台创设大师大讲堂板块。该板块依托全国知名专家学者、一流珠宝玉石首饰设计加工大师、中国工艺美术大师等行业领军人才的专题讲座,为高水平技

资源库教材建设成果（部分）

术技能人才开展技术研修、技术传承、工艺创新和文化传承等创造条件，推动技能实践经验及技术技能创新成果的传承和推广。

大师大讲堂也将企业生产技术攻关、新技术应用以及新项目和新产品的开发与技能人才培养有机结合，给学习者创造一个环境，提供一个平台，更好地发挥行业名师和大国工匠在培养技能人才方面的优势，促进技术交流，加快高技能人才集聚，有利于形成全国宝玉石专业教学创新团队，为课程思政、技术研发、传承创新、"三教"改革及"三全育人"等提供支撑平台，为促进高素质技术技能人才培养、推动珠宝首饰产业升级、传承创新中华优秀宝玉石文化和夯实宝玉石行业高素质人才培养充分发挥行业名师和大国工匠的示范引领作用。

行业、企业专家（大师）进校园，走进学生课堂，开展授课、非遗讲座、技艺传承等活动，学生与大师面对面交流，活跃了校园学习气氛，加深了学生对中华优秀宝玉石文化的认识，也大大激发了学生们的创新热情、创业热情。

大师大讲堂建设成果（部分）

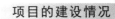

第一章 项目的建设情况

大师大讲堂建设成果统计表

序号	姓名	所在领域	代表作品
1	任进	首饰设计	《首饰设计基础》
2	陈健	玉雕	《三圣佛》《小儿垂钓》
3	白静宜	花丝首饰设计	《祖国颂》《皇室经典》
4	滕菲	首饰设计	《光阴集》《生命——我们不同我们相同》
5	邹宁馨	首饰设计	《秋》《随风的牧人》
6	余炼钢	玉雕设计	《一系列近无色圆钻型钻石仿制石的鉴别研究》
7	黄杨洪	玉雕	《大日如来》《财源滚滚》
8	林敏	玉雕	《麒麟献瑞》《千秋万代》
9	刘昱廷	玉雕	《缅甸玉彩绘四面观音》
10	程学林	设计、玉雕	《斗争》《珠联璧合》
11	杨冰	玉雕	《蓝色太阳》《竹》
12	侯晓峰	玉雕	《童子戏弥勒》
13	崔磊	玉雕	《观喜》《太一》
14	张克钊	玉雕	《逐梦》《忙趁东风放纸鸢》
15	崔奇铭	玉雕	《八仙过海》《四海腾欢》

行业、企业专家(大师)进校园情况统计表(截至 2021 年 1 月)

序号	专家(大师)姓名	来源	合作院校	活动主题
1	苏然	大师工作室	北京经济管理职业学院	京派玉雕讲座
2	黄罕勇	大师工作室	北京经济管理职业学院	传统玉雕(动物件)与西方雕刻雕塑的区别
3	蒋喜	大师工作室	北京经济管理职业学院	蒋喜玉雕艺术精品展
4	吕亚芳	大师工作室	北京经济管理职业学院	吕亚芳先生玉雕收藏作品赏析
5	李春珂	大师工作室	北京经济管理职业学院	中国工艺美术文化漫谈
6	奥岩	北京博观经典艺术品有限公司	北京经济管理职业学院	天工奖中的玉雕传承与创新
7	王文辉	北京玉器厂	北京工业职业技术学院	玉雕讲座
8	员向阳	北京金声玉润珠宝公司	北京工业职业技术学院	学生技能大赛
9	郭卫军	北京玉福缘珠宝公司	北京工业职业技术学院	特聘玉雕大师讲座

续表

序号	专家(大师)姓名	来源	合作院校	活动主题
10	李江平	甘肃省工艺美术协会	兰州资源环境职业技术学院	洮砚雕刻非遗文化进校园
11	李海明	甘肃省工艺美术协会	兰州资源环境职业技术学院	珐琅技艺非遗文化进校园
12	刘丽	深圳爱迪尔珠宝股份有限公司	兰州资源环境职业技术学院	特聘企业珠宝企业文化与发展讲座
13	刘振刚	兰州大学研究生导师	兰州资源环境职业技术学院	非遗文化进校园
14	王娟鹃	行业专家	云南国土资源职业学院	行业概貌讲座
15	陈敏	昆明怡泰祥珠宝有限公司	云南国土资源职业学院	行业概貌讲座
16	肖永福	行业专家	云南国土资源职业学院	行业概貌讲座
17	张代明	昆明理工大学	云南国土资源职业学院	行业概貌讲座

五、"1+X"证书建设成果

《国家职业教育改革实施方案》中明确要求,把学历证书与职业技能等级证书结合起来,探索实施"1+X"证书制度。"1+X"证书制度体现了职业教育作为一种类型教育的重要特征,是落实立德树人根本任务、完善职业教育和培训体系、深化产教融合校企合作的一项重要制度设计和提升人才培养质量的重要举措。

宝玉石资源库结合实施"1+X"证书制度试点,为推进畅通技术技能人才成长通道,科学准确衡量人才成长发展水平,促进人力资源开发,设计"1+X"职业技能学习板块。自2002年以来,建设成果包括珠宝玉石鉴定职业技能等级标准、珠宝玉石鉴定职业技能等级证书考试大纲、试点院校考务组织操作手册、3期"1+X"证书师资培训、第一期考评员遴选等工作。在珠宝玉石鉴定职业技能等级证书经验的基础上,自2021年又开展了第四批批准的"1+X"的贵金属首饰制作与检验证书的考试大纲、试点院校考务组织操作手册、"1+X"证书师资培训、考评员遴选等工作,面向社会组织进行了"1+X"证书的培训和取证考试,取得了良好效果。

宝玉石资源库"1＋X"证书资源建设情况统计表

证书类别	证书介绍	培训课程名称（及素材数量）	对应课程名称	资源数量/个
珠宝玉石鉴定（第三批）	该证书是劳动者具有从事珠宝玉石鉴定所必备的学识和技能的证明,证书持有人员能够描述宝石的质量、颜色、透明度和切割状标准,划分珠宝的级别,鉴别珠宝的种属,检测真伪,并出具鉴定证书。该职业资格共分三级:初级、中级、高级	(GAC)宝玉石鉴定师职业培训课程（774个）	钻石鉴定与分级	844
			有色宝石鉴定	881
			有机宝石鉴定	768
			宝玉石矿物肉眼及偏光显微镜鉴定	899
			人工宝石及宝石优化处理	935
			宝玉石地质基础	317
			晶体与矿物认知	749
			宝玉石鉴定仪器	665
			常见玉石鉴定	507
珠宝首饰设计（第四批）	该证书是劳动者具有从事珠宝首饰设计所必备的学识和技能的证明,该证书的持有者能够运用通用设计软件、专用首饰设计软件进行设计,懂得首饰的手工制作、首饰的机制工艺制作、设计创意、首饰展示设计等。该职业资格共分三级:初级、中级、高级	首饰设计师职业培训（907个）	首饰设计基础	586
			首饰制作工艺	669
			传统首饰设计与加工工艺	980
			玉器设计与工艺	996
			中国珠宝首饰传统文化	843
			珠宝首饰赏析	458
			首饰配饰艺术	783
			贵金属加工工艺	1036
			宝石加工与工艺	830
			珠宝首饰CAD与CAM	979
贵金属首饰制作与检验（第四批）	该证书是劳动者具有从事贵金属检验所必备的学识和技能的证明,该证书的持有者能够用抽样或全数检查方式对贵金属饰品的质量以及镶嵌工艺进行检验及评估。该职业资格共分三级:初级、中级、高级	贵金属首饰检验培训（605个）	贵金属首饰检验	597
			首饰配饰艺术	783
			贵金属加工工艺	1036
			宝石加工与工艺	830
			首饰制作工艺	669
			传统首饰设计与加工工艺	980
			珠宝首饰CAD与CAM	979

六、宝玉石博物馆建设成果

项目建设团队联合中国地质大学（北京）博物馆、中国工艺美术集团有限公司、北京菜市口百货股份有限公司根据资源库的建设目标和建设要求，充分结合新技术、新工艺、新模式，探索新技术、新工艺、新模式下的各类文化创新、技术创新、教学模式创新、人才培养创新，紧跟行业发展趋势，兼顾学生学习和培训等方面的需求。

宝玉石博物馆建设成果（部分）

宝玉石博物馆建设内容清单一览表

序号	模块	网页模块名称	展示内容	素材数量 3D模型	素材数量 图形图像类
1	岩石矿物展区模块	岩石矿物	矿物区、岩石区、观赏石区、陨石区	矿物模型10种	83种矿石图片
2	彩色宝石展区模块	宝石	彩色宝石区	3D彩色宝石模型9种	19种彩色宝石图片的陈列展示
3	钻石及有机宝石展区模块		钻石区、有机宝石区、优化处理宝石区	3D钻石有机宝石模型2种	12种钻石,12种有机宝石,10种优化处理宝石
		贵金属	贵金属饰品区	3D贵金属7种	贵金属图片10张
4	古玩艺术品展区模块	工艺美术品	文玩杂项、陶瓷区、青铜区、燕京八绝区(景泰蓝、玉雕、牙雕、漆雕、金漆镶嵌、花丝镶嵌、宫毯、京绣)	3D模型23种	文玩杂项图片82张(种)
5	首饰艺术品及"一带一路"沿线艺术文化区模块	"一带一路"沿线艺术区	亚洲国家、欧洲国家、其他国家的发展现状	3D各国玉石模型0种	"一带一路"沿线各国玉石图片102张
6	宝玉石书局	宝玉石书局	电子书10册		
7	3D虚拟博物馆场景	3D虚拟博物馆	VR场景(14个展示场景)		

七、课程建设联盟成果

开发宝玉石资源库是一项系统性工程,在建设过程中必须对资源的高质量研究、开发与输出把好关。在宝玉石资源库的建设过程中,与国内行业协会、各区域地方行业组织组建课程建设联盟,一方面是宝玉石专业教师专业化发展的需要,另一方面也是开发专业化资源库、构建行业规范、服务于产业的需要。

目前,项目建设团队已与全国及相关省市的珠宝玉石首饰行业协会建立了课程建设联盟组织,形成了良性合作关系,这推动了优质课程资源建设、共享、应用的可持续发展,对深化人才培养、课程体系、教学内容和教学方法的改革提供了强大的课程资源支持。

八、课程质量报告及在线(混合)教学标准的建设成果

宝玉石资源库以培养高素质技术技能型人才为目标,构建"基于工作岗位"的模块化课

程体系。标准化专业课程按照"校企合作,产教融合,以岗位为中心,以能力培养为主线"的建设思路,以"共建共管,互利共赢"为原则,系统设计标准化专业课程标准,着力培养学生的职业道德观、职业技能和就业创业能力。根据项目建设标准,结合宝玉石专业人才技能需求,截至2021年1月,宝玉石资源库已形成了"宝石加工与工艺""首饰制作工艺""钻石鉴定与分级"等22门课程的实训方案。

根据建设目标,共完成了"传统首饰设计与加工工艺""贵金属加工与工艺""晶体与矿物认知""人工宝石""首饰配饰艺术""玉器设计与工艺""珠宝首饰典当实务""珠宝首饰营销""钻石鉴定与分级"等9门标准化专业课程的质量报告,系统分析了课程基本资源、课程地位及其与课程体系的关系,课程包含的教学目标、对应的能力指标、课程基本资源与其相对应培养目标、能力目标的关系,课程资源呈现形式,课程应用情况,课程建设质量保障体系,资源建设质量控制过程,典型学习方案等内容。课程质量报告的撰写有效地提高了专业教师对课程的整体把握程度以及过程化考核水平和评价质量水平,对有效提升课程的后续教学质量起到积极作用。

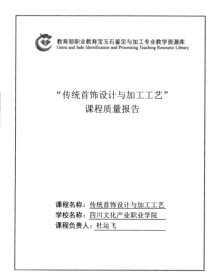

宝玉石资源库中9门标准化专业课程的课程质量报告截图和封面示例

同时,项目建设团队利用宝玉石资源库颗粒化资源组建课程,实现个性资源与共享资源的融合;利用宝玉石资源库的多种资源和平台实现课前预习、课中学习、课后复习的有效衔接,助力线上线下混合式教学改革;利用平台数据及时了解学习者学习情况,用宝玉石资源库及平台记录实现过程考核和结果性考核相结合,让考核评价方法更便捷、合理、公平;利用宝玉石资源库让师生互动更顺畅、及时,方便教师因材施教;教师用宝玉石资源库主动改进课堂教学质量和学习质量,助推教学诊断与教学改进。根据建设任务,完成了"首饰配饰艺术""玉器设计与工艺""珠宝首饰典当实务""珠宝首饰营销""钻石鉴定与分级"等5门课程在线(混合)教学标准的制定工作。

5 门标准化专业课程的在线（混合）教学标准截图和封面示例

第六节　项目绩效目标的完成情况

2020 年 11 月，项目建设团队已按建设周期和进度要求完成全部宝玉石资源库的建设任务。

资源库项目总体目标及完成情况表

序号	总体目标	完成情况（截至 2021 年 12 月 31 日）
1	组织开展行业企业与共建院校的交流学习、考察调研，修订完善全国"宝玉石鉴定与加工专业人才培养方案"，开发 26 门专业课程标准，制定校内实训基地建设标准	组织开展行业企业、兄弟院校的交流学习、考察调研，修订完善全国"宝玉石鉴定与加工专业人才培养方案"，开发 28 门专业课程标准，制定校内实训基地建设标准
2	现有 12 门课程每年更新率在 15% 以上，新开发 18 门专业课程和行业企业培训课程，建成 23 092 个颗粒化资源[包括：教学课件 8798 个、动画类 214 个、虚拟仿真类 46 个、视频类 9903 个（每个时长在 3min 以上，共计 495h 以上），微课类 1068 个，典型工作任务 70 个以上	现有 12 门课程每年更新率在 21% 以上，新开发 18 门专业课程和行业企业培训课程，建成 25 301 个颗粒化资源[包括：教学课件 8917 个、动画类 230 个、虚拟仿真类 52 个、视频类 10 786 个（每个时长在 3min 以上，共计 1023h 以上）]，微课类 1068 个，典型工作任务达 74 个
3	12 门已建标准化专业课程自测题的更新率在 15% 以上，新建 18 门标准化专业课程和行业企业培训课程试题库，试题库中测试题的总量超 12 000 个，试题库包括职业资格考试试题库和技能竞赛试题库	12 门已建标准化专业课程自测题的更新率在 20% 以上，新建 18 门标准化专业课程和行业企业培训课程测试题库，试题库中测试题的总量为 15 281 个，试题库包括职业资格考试试题库和技能竞赛试题库

续表

序号	总体目标	完成情况(截至2021年12月31日)
4	搭建宝玉石博物馆信息化平台,分岩石矿物展区、彩色宝石展区、钻石及有机宝石展区、首饰艺术品及"一带一路"沿线艺术文化区等5个区域,收纳相关典型标本、文化视频与图片展品达300种以上,开发3D虚拟互动展品50种以上,年均浏览量1.5万人次	搭建网页版博物馆,分岩石矿物、宝石(彩色宝石、钻石、有机宝石、优化处理宝石)、贵金属(金、银、铂、钯)、工艺美术品(燕京八绝、陶瓷、青铜)以及"一带一路"沿线艺术区等5个区域,收纳相关典型标本、文化视频与图片展品达388种,开发3D虚拟互动展品72种,年均浏览量1.9万人次以上
5	建成大师大讲堂板块,制作50位宝玉石设计加工大师专题讲座视频50个,展示大师独特艺术作品制作工艺	建成大师大讲堂板块,制作70位宝玉石设计加工大师专题讲座视频70个,展示大师独特艺术作品制作工艺
6	注册学习者2.4万人,其中在校专业学生2.0万人左右,行业企业与社会学习者0.4万人左右	注册学习者41 621人,其中在校专业学生34 735人,行业企业与社会学习者4668人

项目绩效具体目标及完成情况一览表

一级指标	二级指标	三级及四、五级指标	建设初期基础	目标值	完成情况(截至2021年12月31日)
1. 产出指标	1.1 数量指标	1.1.1 颗粒化资源数量/个	9148	23 092	25 301
		1.1.1.1 视频类/个	2965	9903	10 786
		1.1.1.2 动画类/个	3	214	230
		1.1.1.3 虚拟仿真类/个	0	46	52
		1.1.1.4 教学课件/个	2009	8798	8917
		1.1.1.5 其他/个	2058	4131	4972
		1.1.2 标准化专业课程数量/门	12	30	30
		1.1.2.1 专业核心课程数量/门	7	12	12
		1.1.2.2 社会培训课程数量/门	1	3	3
		1.1.2.3 专业创新创业课程数量/门	0	1	1
		1.1.2.4 专业基础课程数量/门	3	6	6
		1.1.2.5 专业拓展课程数量/门	1	8	8
		1.1.3 文化传承与创新资源建设数量	—	—	包含在各类素材中

续表

绩效指标级别			建设初期基础	目标值	完成情况(截至2021年12月31日)
一级指标	二级指标	三级及四级、五级指标			
1.产出指标	1.2 质量指标	1.2.1 素材资源分类占比情况			
		1.2.1.1 原创资源占比/%	60	72	83.37
		1.2.1.2 视频类占比/%	33	41	42.63
		1.2.1.3 动画类占比/%	0.02	0.9	0.91
		1.2.1.4 虚拟仿真类占比/%	0	0.2	0.21
		1.2.1.5 教学课件占比/%	34	37	37
		1.2.1.6 活跃资源占比/%	70	76	99.00
		1.2.2 标准化课程质量			
		1.2.2.1 课程结构化	已建课程结构完整	核心课程结构完整	核心课程结构完整
		1.2.2.2 课程系统性	系统、全面、科学	系统、全面、科学	系统、全面、科学
		1.2.2.3 课程可学性	操作简便,易学易会	操作简便,易学易会	操作简便,易学易会
		1.2.3 用户数量与活跃度			
		1.2.3.1 学生用户数量/个	14 313	20 000	34 735
		1.2.3.1.1 建设单位在校学生用户数量/个	4265	7400	20 807
		1.2.3.1.2 建设单位在校学生活跃用户数量/个	2268	5000	18 311
		1.2.3.1.3 建设单位在校学生活跃用户占比/%	50	68	88
		1.2.3.2 教师用户数量/个	973	2600	2670
		1.2.3.2.1 建设单位教师用户数量/个	62	1500	1516
		1.2.3.2.2 建设单位教师活跃用户数量/个	40	780	816
		1.2.3.2.3 建设单位教师活跃用户占比/%	65	65	80
		1.2.4 特色与创新			
		1.2.4.1 中国玉石雕刻大师技艺传承演示讲座/个	0	50	70
		1.2.4.2 社会学习者在网上数字博物馆使用率/%	0	60	63
		1.2.4.3 建立全国性宝玉石资源库建设联盟	未	建立	建立;促进宝玉石资源库的建设与应用
		1.2.4.4 宝玉石鉴定师职业资格证书获证率/%	0	50	72

续表

绩效指标级别			建设初期基础	目标值	完成情况（截至2021年12月31日）
一级指标	二级指标	三级及四级、五级指标			
1. 产出指标	1.3 时效指标	1.3.1 建设情况			
		1.3.1.1 任务及时完成度/%	—	100	100
		1.3.2 应用情况			
		1.3.2.1 建设单位在校学生用户占比/%	10	51	60
		1.3.2.2 建设单位教师用户占比/%	2	25	28
		1.3.3 预算执行			
		1.3.3.1 收入预算执行率/%	—	100	100
		1.3.3.2 支出预算执行率/%		100	100
2. 效益指标	2.1 社会效益指标	2.1.1 院校使用覆盖面/%	40	60	70
		2.1.2 社会学习者数量/个	109	4000	4668
		2.1.2.1 社会学习者活跃用户数量/个	89	1500	4606
		2.1.2.2 应用宝玉石资源库培训的社会学习者单位数量/个	0	80	85
	2.2 可持续影响	2.2.1 宝玉石资源库建设（更新）及应用激励与约束机制			
		2.2.1.1 教师参与建设（更新）与应用机制	50%教师参与更新与应用	65%教师参与更新与应用	85%教师参与更新与应用
		2.2.1.2 学生自主学习机制	50%学生参与自主学习	60%学生参与自主学习	78%学生参与自主学习
		2.2.2 带动校级专业教学资源库建设情况			
		2.2.2.1 第一主持单位校级资源库覆盖面/%	50	65	85
		2.2.2.1.1 年更新率/%	15	20	47
		2.2.2.1.2 持续时间/年	—	10	10
		2.2.2.2 联合主持单位校级资源库覆盖面/%	50	50	80
		2.2.2.2.1 年更新率/%	15	15	21
		2.2.2.2.2 持续时间/年	—	10	10
3. 满意度指标	3.1 服务对象满意度指标	3.1.1 在校生使用满意度/%	85	85	92
		3.1.2 教师使用满意度/%	90	90	96
		3.1.3 社会学习者使用满意度/%	80	80	91

第一章 项目的建设情况

第七节 特色与创新

一、创新建设方法,为相关资源库建设提供范本

在宝玉石资源库的建设过程中,项目建设团队注重自主创新、集成创新、组合创新、差异化创新,形成了独具特色的"建设、使用、推广、改革"的建设管理、应用推广、改进优化模式,为相关教学资源建设开创了一个可借鉴和推广的模式。其主要创新点如下:

(1)项目建设团队建立"指导—决策—实施"的联动机制。指导主要是就关键技术和总体结构进行指导;决策由主持院校和子项目牵头单位进行统筹规划和顶层设计;实施由子项目联建单位具体实现,进行资源的建设、应用、推广和更新。资源建设技术层面,在子项目负责人制的基础上实行三级审核制,具体资源制作人要接受子项目负责人、专门工作小组和项目领导小组的逐级审核和指导。各层级、各项目既分工负责,又相互融通、相互协调,为宝玉石资源库建设提供组织保障。

(2)把握"以学习者为中心"的宗旨。按照"国家急需、全国一流"的指导思想,从项目顶层设计(建设规划、方案设计、方案实施等)、组织实施、项目管理、运行环境、应用机制等各方面,始终围绕"以学习者为中心"的宗旨,宝玉石资源库为具备基本学习条件的职业院校学生、教师和社会群体的学习者提供丰富的专业库资源,通过网络在线形式,学习者可自主使用宝玉石资源库,实现系统化、个性化学习,并达到预期的学习目标。同时,各级职业教育者可充分运用宝玉石资源库,针对不同的学习对象和课程要求,灵活组织教学内容、辅助实施教学过程,实现教学目标,明确宝玉石资源库"能学、辅教"的系统功能定位。

(3)组建稳定、强大的全国宝玉石资源库建设联盟。联盟共建单位规格高,数量多,分布广,代表性强,制定了联盟章程,建立了联盟成员的增补和淘汰机制、奖励和约谈机制。通过制定联盟管理制度、建立工作机制、发布资源标准,实现学校、企业、行业三方共建、共享、共用,推动宝石专业(群)产教融合教学改革。

(4)宝玉石资源库的建设与应用经历了"顶层设计—中间链条—底端触角"的过程,从素材资源到学习情景再到交互系统,实行全天候运用、全过程管理、全方位监控,实现"四化三覆",即教学决策数据化、学习行为智能化、学习过程自主化、互动交流立体化,分类用户全覆盖、教育层次全覆盖、学习领域全覆盖。

二、边建边用,形成动态调整的开发和改进机制

项目建设团队在保持项目建设总量不变、项目建设进度不减、项目建设质量不降的前提下,采取"滚动实施、动态调整"的机制。根据"边建边用、边建边推、建用结合、推改结合"的原则,项目建设团队自2016年起在建设实施中分阶段分步骤对资源建设项目进行评估,以快速即时反馈机制为依托,依靠严密的组织系统、规范的工作机制、科学的标准设计、强大的内生动力,将内部调整和市场调整相结合,达到资源动态调整和市场适应,有效保证了宝玉

石资源库的高效建设。项目建设整个过程中不断强化调研论证,根据资源建设要素,研究制订科学合理的计划,实行监控预警机制,对建设中出现的各种复杂情况及时预判、及时反馈、及时评估、及时调整,确保宝玉石资源库建设满足教学需求并紧跟产业发展趋势。

三、开发数字教材和在线实训课程,推动课堂教学改革

项目建设团队开发"互联网+"的互动教材,截至2021年底已完成10种标准化专业课程资源配套新型教材,包括学习平台上呈现的交互电子教材和嵌入二维码的纸质教材。

资源库配套教材(部分)

"互联网+"互动教材以正式出版的纸质版教材为基础,对教材内容及知识点、技能点进行深度挖掘和加工,以科学直观的视、音、图、文等方式实现了教材内容的数字化和交互功能的智能化,多角度、多维度地呈现教材内容,方便学生理解和掌握教材知识,为传统教材模式向"互联网+"教材模式转变提供良好范式。强大的交互功能可以有效提高学生的学习兴趣,提高学生学习的自主性和积极性;问题提示、图文介绍、动画演示、真人实景示范可以帮助学生更好地理解问题和强化记忆,从而轻松地攻破知识难点,提高学习效率。互动教材能够帮助学习者养成一种紧跟目前信息化时代脚步的新阅读习惯,书网连通,实时交互,实现了独具特色的教学资源呈现形式。

第一章 项目的建设情况

DiamondView 的使用方法

钻石鉴定及分级

(2)确定有色包裹体呈现的刻面。
(3)垂直刻面,依次射入光束,观察刻面孔在刻意包素未灭后停止。
(4)加热,浮表光孔扩充处置,使露析迁点变重。
(5)将钻石放入 HF、H_2SO_4 或 HCl 中加热,包素被溶去。
(6)将钻石洗尽,观察是否用射率被噪消去。

三、拼合处理钻石的鉴别

拼合处理钻石是由钻石(作为底层)与廉价的水晶合成无色蓝宝石等(作为顶层)拼合而成的。拼合技术非常高,将它镶嵌在首饰上一般都很难鉴别。不容易发现。在这种宝石台面上放置一个10倍放大镜,另外,必要时必见钻石,这是钻石的3个刻面的上会出现这种类似现象的变折射,分享上下3 区都有的钻石面上的一个拼合点,它将放大,它的观察时间直观,它是591车台相。可能是一种是,1892年,来人博士发现可以检验了硬镀中复杂石拉出来,成名美术科及美科或。拼合处理钻石内同,因为其后射率较低的矿物,拼合台的反射光较亮,有时光谱也可通过。

四、钻石鉴定仪器

随着科学技术的发展,钻石鉴定仪器的使用范围的使用越高,对那些也有了大幅的提高,得到了该宝质鉴定领先,目前,在虎实鉴定领域,主要有以几种鉴定仪器。

1. D-Screen

2004年,比利时钻石商商联会议(HRD)发布了D-Screen,这种仪器识别钻石的能力很强,体积很小,便于携带,是一款致性CVD合成钻石鉴定仪,它能将无色-近无色的钻石(色级在D-J)范围内,将合成钻石或高温高压(HTHP)处理钻石识别出来的仪器。

图 4-61 新型钻石鉴定图器

D-Screen 的工作原理是不同类型的钻石透紫外光的性能不同,且型钻石透紫外光的能力大于I型宝石。

2. DiamondSpotter

2001年,瑞士宝石研究所的 Haenni 博士,由于查到 HTHP 处理的 GE POL 钻石的相机,依据 I 型钻石和 II 型钻石的紫外透光性差异研制出宝鉴定仪——DiamondSpotter。

3. DiamondSure

1998年,戴比尔斯研制出功能类型的仪器——由GIA美国仪器公司销售的 DiamondSure。DiamondSure 或者 DiamondSpotter 或者 D-Screen 手按出来的钻石有,石,HTHP 处理的无色钻石在 415nm 处缺失,吸收线,因此,还需对样品进行进一步鉴定。

4. DiamondView

1994年,奥地利 Polahno 博士在英国宝石协会的 J.Cemmology 杂志上展示了合成钻石发光特征,同时,Polahno 博士发现 HTHP 方法处理钻石的荧光发光特征有所的的石发光图案的特征,即可以建钻石其阴极发光并有所的。

· 75 ·

《钻石鉴定及分级》嵌入二维码示例

· 74 ·

"砂晕"

"砂晕"一次发光的钻石,显得较大(图 4-60),为了不二重的 88.7ct 纯粹晶,曾经过度放大可见有述不比如,从 95ct 叶 的 2,2,3 纯粹品,个分裂结,例外,必须发展不见你无,这是其的 3 个刻面的上会出现这种类似现象的变折射,并且上下 3 区都有的 3 刻面上的一个拼合点,它将放大,它的观察时间直观,它是591车台相。可能是一种是,1892年,来人博士发现可以检验了硬镀中复杂石拉出来,成名美术科及美科或。

图 4-60 "砂晕"

宝玉石资源库的在线实训功能可帮助学习者在学习知识的同时进行实训操作。虚拟仿真项目大多根据典型实训环节而建成，学习者在平台上即可完成实训任务。在玩转珠宝中的典型工作任务中心，同样可以进行实训任务学习。该中心涵盖了红宝石与红色尖晶石的鉴别、硫化物矿物的描述与鉴定、和田玉的鉴别、偏光镜的使用、翡翠质量评价等珠宝玉石首饰行业典型工作任务，让学习者在线完成实验任务、实训任务，促进相应职业技能的提升和积累。

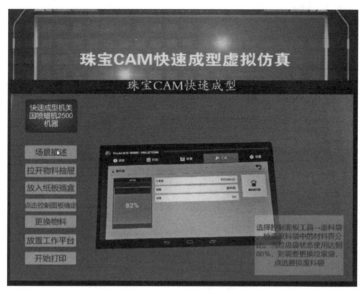

"珠宝CAM快速成型虚拟仿真"展示界面

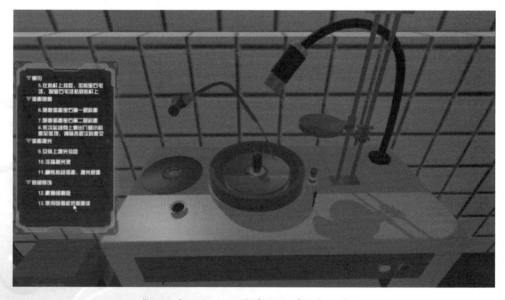

"弧面宝石加工工艺虚拟仿真"展示界面

"首饰搭配技巧虚拟仿真"展示界面

四、依托宝玉石博物馆,弘扬中华宝玉石文化

网页版博物馆收集了常见的百余种天然的宝石、玉石、有机宝石、观赏石、岩石矿标以及各种常见的优化处理宝石。同时,它也展出了众多的工艺美术作品,如燕京八绝、"一带一路"特色艺术作品、知名大师玉雕作品等,多方位、多维度展现了中国当代工艺美术的精湛工艺,宣传了中国源远流长的宝玉石文化。

同时,宝玉石书局收藏了宝玉石相关著作,其中有近50种图书经过高清扫描后被做成宝玉石专业电子书,可供线上查阅。

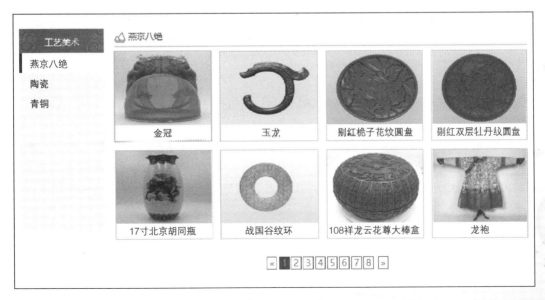

宝玉石博物馆展品(部分)

第八节 存在的问题

项目建设团队针对宝玉石资源库的建设和使用进行了广泛调研,全面了解了教师、学生、企业人员、社会学习者4类用户对宝玉石资源库的要求和使用效果评价。这些评价如下:宝玉石资源库总体水平达到"能学、辅教"的功能要求,宝玉石资源库建设内容全面丰富,组织架构设计合理,课程体系完善,实现了线上线下混合式教学和用户自主学习管理;资源共建共享,课程借鉴,有效解决了区域间学习资源发展不平衡的问题,促进了专业发展,探索并试点了学分互认和经历互认模式,取得了初步成果,但仍然存在问题有待完善。

一、各联建单位的重视程度和基础设施差异,产生了应用效果的差异

部分院校还存在软硬件条件较差导致宝玉石资源库使用率不高和使用效果不佳的问题。宝玉石资源库的应用对网络环境和硬件条件都有一定要求,项目组在资源库的全国宣传推广中就发现部分院校的基础设施还比较薄弱,在实现基于宝玉石资源库的互动教学方面仍然需要作出努力。因此,帮助相关院校提高认识并解决技术问题以促进资源库的推广和应用是项目组需要面对的问题。

二、需进一步加强宣传推广,更好发挥宝玉石资源库的作用

目前,在企业人员用户和社会学习者用户中的宣传推广力度仍然有很大的提升空间。宝玉石资源库的用户主要为教师和学生,二者占总用户数量的80%以上。这与珠宝玉石行业庞大的从业人员数量不相匹配,说明宝玉石资源库向企业和社会推广、应用工作还有很大的提升空间,应该让更多的珠宝玉石从业人员和珠宝玉石爱好者享受宝玉石资源库建设带来的学习"红利"。

三、以人为本的人性化的应用功能还有待升级

平台设计还需升级:平台功能设计在结构、功能、面向对象等方面还需进一步从开放化、共享化和国际化方面满足用户的需求;访问路径、智能查询、资源下载便捷程度等方面均有待进一步提升;应用功能设计还需要进一步考虑和满足企业人员、社会学习者的学习需要。

第九节 后续的建设工作与规划

在宝玉石资源库后续建设和推广使用的过程中,项目建设团队将合理规划,平衡好优化

增补与使用推广的关系,持续跟踪用户反馈,自查发现宝玉石资源库存在的不足之处,边建设、边使用、边优化,协同各利益主体改进平台功能,提升资源质量,把宝玉石资源库建成满足教师、学生、企业人员和社会学习者等不同类型用户个性化需求的学习平台,为珠宝玉石行业的发展培养各类高素质、复合型技术技能人才。

一、高度契合行业新技术,升级打造国家级宝玉石资源库

随着社会经济和百姓生活水平的不断提高,珠宝玉石行业新技术、新装备的不断升级,新零售模式下中国珠宝玉石行业已进入人工智能、物联网、3D贵金属打印及数字经济等发展阶段。面对珠宝玉石首饰行业发展的新态势,职业院校需要在人才培养方案、课程体系、教材体系、数字化资源、教师队伍等方面不断进行优化调整,以满足行业产业发展的需求。

项目建设团队将顺应珠宝玉石首饰行业发展趋势,针对新技术、新设备、新业态,应用人工智能、3D动画、VR虚拟软件等现代教学技术,继续坚持"边建设、边使用、边优化"的思路,由规模建设向内涵建设转变,不断优化大师大讲堂、宝玉石博物馆、课程建设联盟等数字化资源,不断提升宝玉石资源库的建设质量,将宝玉石资源库建设成全国权威优质品牌教学资源平台,并将宝玉石资源库不断向行业、企业及社会学习者延伸,提高普及率和覆盖面。

二、持续更新,为终身学习者建立机制保障

在已建设成果的基础上,重点研究平台、资源、管理机制从学校转向社会服务,为社会学习者(如下岗职工、企业事业单位工作人员、退伍军人、新型农民及少数民族人民)提供服务,进一步开发和完善相关资源,为不同群体提供个性化的内容和服务体系,开发更多的面向不同用户的个性化资源,使资源库建设服务人人,服务终身学习,适应不同类型用户需求,更好地发挥宝玉石资源库的服务效果,助力构建"学习型社会"。

(1)不断完善专业教学资源库建设管理机制,实现宝玉石资源库内容的持续更新。目前,宝玉石资源库新增资源数量每年保持在10%以上。

(2)建立常态化的用户调查评价机制,依据不同类型用户调查评价结果,不断健全与扩展宝玉石资源库功能,增加更多不同类型用户,提升用户的满意度。

(3)结合国家开放大学的"国家学分银行"建设要求,探索建设学分银行和学分互认机制,强化社会学习者培训的同时匹配证书服务体系。

三、充分利用网络新业态,服务"一带一路"倡议

坚持对外开放,扩大服务范围。加强宝玉石资源库的双语建设力度,特别是中国传统首饰制作工艺、中国珠宝玉石文化等MOOC的建设,充分利用不受时间和空间限制的网络新业态,实现宝玉石资源库内容24h不间断地传播到世界各地,更好地服务于"一带一路"共建国家、行业组织、教师、学生、企业人员、社会学习者,输出我国优质高职教育资源,为"一带一

路"共建国家现代服务业、民族手工业培训技术技能人才,传播中华文化,扩大国际影响,展现中国形象。

四、立足已有基础,倾力打造"四个一"特色品牌资源库

在现阶段性建设成果的基础上,持续打造"四个一"特色品牌资源库,即构建"一馆"(宝玉石博物馆)、"一堂"(大师大讲堂)、"一中心"(学习中心)、"一基地"(中华优秀宝石文化传承基地),适应行业发展需求,跟踪新技术、新成果和新业态,不断打造与现代技术结合的新内容,构建起便捷优质、特色鲜明、规范权威的宝玉石专业特色资源库样板工程。

第二章
项目的应用情况

第一节　应用现状

截至 2022 年 10 月，平台上已有学生用户 44 889 人，教师用户 3385 人，企业人员用户和社会学习者用户 5053 人。2019 年以来新增用户 2.6 万余人，其中新增学生用户约 2.1 万人。

项目应用情况统计表

（数据统计截至 2022 年 10 月，应用人数远远超出既定指标，宝玉石资源库应用情况良好）

一级指标	二级指标	三级指标	完成数量	完成率/%
产出指标	数量指标	学生用户数量/个	44 889	224.5
		建设单位在校学生用户数量/人	29 184	394.4
		建设单位在校学生活跃用户数量/人	26 265	525.3
		建设单位在校学生用户占比/%	65	127.4
		教师用户数量/人	3385	130.2
		建设单位教师用户数量/人	1963	130.9
		建设单位教师活跃用户数量/人	1057	135.5
		建设单位教师用户占比/%	58	124.0
	时效指标	建设任务完成及时率/%	100	—
		建设任务实际完成率/%	100	—
效益指标	社会效益指标	企业人员用户和社会学习者用户数量/人	5053	126.3
		企业人员用户和社会学习者活跃用户数量/人	4972	331.5
满意度指标	服务对象满意度指标	在校学生使用满意度/%	96	—
		企业人员和社会学习者使用满意度/%	93	—
		教师使用满意度/%	97	—

第二节　宝石专业（群）课程体系改革

一、拓校企合作思路，推动中国特色学徒制人才培养模式改革

宝玉石资源库专业核心课程在教学内容、授课方式、教材等方面完全按照企业需求合作开发并实施，而且将职业技能鉴定项目嵌入课程，授课方式体现了较浓厚的企业文化氛围，

在实践中探索和构建起"校企合作、共同培养、岗位成才"的人才培养模式,形成以中国特色学徒制培养为切入点,校企共同参与制定的人才培养方案,深化校企合作、提高学生就业质量、缩短学生转换为职业人的人才培养路径。

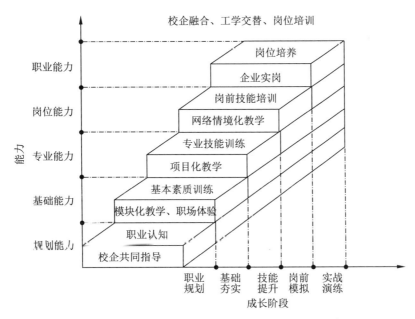

基于宝玉石资源库形成的"工作过程导向"人才培养模式

各联建院校积极开展人才培养模式改革,校企深度合作,全过程参与人才培养,在校企"双主体"育人机制、招生招工一体化、校企师资团队建设、工学交替课程体系开发等环节推进中国特色学徒制的探索与实践。

依托宝玉石资源库,课程学习打破了时空限制,实现了教育教学的时效化、多元化、立体化,形成了多个各具特色的中国特色学徒制人才培养模式,例如北京经济管理职业学院的"三阶段、五旋回、宽基础、精技艺"人才培养模式和新疆职业大学的"4+1"现代学徒制人才培养模式等。

1."三阶段、五旋回、宽基础、精技艺"人才培养模式——北京经济管理职业学院

依托宝玉石资源库和《教育部第三批现代学徒制试点工作方案》,北京经济管理职业学院宝石专业(群)(玉雕方向)持续深化产教合作,结合玉雕人才培养规律、学生认知规律,以"玉德文化——信、仁、义、礼、智、勇"为专业思政元素,发挥宝玉石资源库效用,利用"互联网+"技术服务人才培养,有效解决中国特色学徒制"学校-企业"育人空间切换的衔接问题,形成既满足玉雕岗位需求又符合学生学习规律的"三阶段、五旋回、宽基础、精技艺"的现代学徒制人才培养模式。

该模式分职业素质基础能力培养、专业技术技能培养和专业综合能力素养培养3个阶段。学生在3年学习期间5次走进企业进行认岗实践、跟岗实践、定岗实践和在岗培养(从

第二学期开始,每学期一次企业实践),实践课时占比66%,企业实践课时为56周,占总课时的一半,专业技术技能课程22门,实现学校与企业间往复旋回的递进式学习。

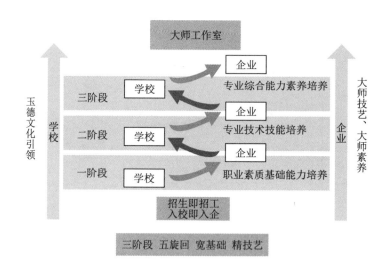

"三阶段、五旋回、宽基础、精技艺"的人才培养模式

(1)职业素质基础能力培养阶段(第一阶段):以学生(学徒)入校为起点,以第二次企业实践结束为界,校企协同培养学生(学徒)的职业素养和基础专业技能。

学生(学徒)在校期间,学习思政理论课程、公共基础课程和玉雕基础技能课程,例如宝玉石鉴定等专业基础课程。同时,教师应用宝玉石资源库中视频类、动画类、教学课件等优质资源,开发个性化课程,进行线上线下混合式教学,提升学生玉雕基础技能学习质量。

同时,每月安排1位中国玉雕大师(合计12位)以宝玉石资源库为平台,开展线上或线下讲座,培养玉德素养,指导实践,打磨技能。同时,学校、学生、企业大师工作室等三方签订联合培养协议书,行拜师礼,学生进入企业认岗实践,了解所在大师工作室的玉雕风格和文化及各岗位的工作任务和职业能力需求。

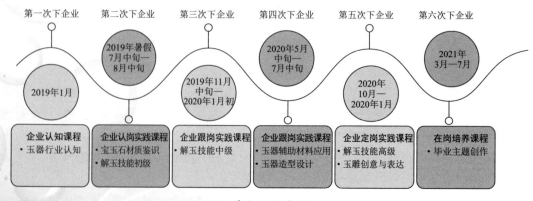

2018级学生企业实践流程图

(2)专业技术技能培养阶段(第二阶段):以学生(学徒)从第一阶段企业实践后返校为起点,以完成第二阶段企业实践(第三、第四次企业实践)任务为界,学校和企业协同提升学生(学徒)专业核心技能和职业素养。

学生(学徒)完成第一阶段企业实践后,教师将查遗补漏,有针对性地教授玉雕技艺的核心专业技能,应用宝玉石资源库课程资源和虚拟仿真技术对玉雕技艺操作流程进行线上模拟实践,使学生充分了解玉器制作每个环节中的关键步骤,为后期实践打下基础。

学生(学徒)进入企业大师工作室进行实践学习,开始跟岗实践,即进行玉雕技艺中阶技能的塑造,并通过宝玉石资源库的模块化课程进行线上学习,从而提升其理论水平和文化素养,实现学生(学徒)在企业实践中专业技能、理论知识和职业素养的同向同行。

(3)专业综合能力素养培养阶段(第三阶段):以学生(学徒)从第四次企业实践后返校为起点,以学生毕业为终点,学校和企业联合全面夯实学生(学徒)综合职业能力和职业素养。

以宝玉石资源库"学习中心"为理论学习和素养学习的基础,以大师指导为技艺提升方向,通过定岗实践和在岗培养,实现学生(学徒)与岗位需求的零距离对接,达成岗位成才的目标。

在此阶段,玉雕大师根据学生技艺水平,布置难度系数较高的雕刻任务,对学生进行玉雕高阶技能的培养。通过玉雕大师评价、玉雕大赛评价、参展评价等环节,实现学校、企业(大师)、行业(协会)、社会四方参与,对学生学业进行多维度评价,并对接玉雕大师工作室就业和深造。

在培养全过程中,校企各有侧重。学校实施思想政治理论、公共基础知识和通用专业技能教育,且将思政课程和素养课程合理分布在6个学期,充分发挥宝玉石资源库大师大讲堂、宝玉石博物馆等素养模块的作用,构建"云课堂",全时空支持学生在线学习,把学生素质培养贯穿全程。玉石雕刻核心技术技能由中国玉雕大师依托真实工作项目,亲自传授学生(学徒)。学生(学徒)在企业实践中,依据所在大师工作室不同,由大师确定玉石雕刻项目载体,载体要求凸显大师技艺优势,体现家国情怀、红色文化和真善美的价值追求,使学生(学徒)在锤炼技能的同时,提升职业品德,落实"立德树人"的根本目标,实现"兴德精技"的教学目标。

2."4+1"现代学徒制人才培养模式——新疆职业大学

新疆职业大学与企业深度融合共建了新疆和田玉文化创意产业园,构建了全国一流的"从玉石原料识别、产品设计、生产加工到成品营销"新疆和田玉产业链和教学链,全面服务于宝石专业(群)人才培养。该专业(群)所有教学环节都在产业园区实施,教学实训室与企业加工车间在同一楼层,教学区域与企业零距离结合,教学过程实现了"教室即车间,教师即师傅,学生即工人,作业即产品"的"教学与生产全过程对接"的校企"双元育人"办学模式。

学校依托优质的校企合作平台,有效地整合学校和企业行业资源试点中国特色学徒制。按照学徒制人才培养总体思路,学校实行了宝石专业(群)"2+0.5+0.5"理论与实践相结合的育人机制,第一、第二学年在学校和企业实行"4+1"(即每周4天在学校学习,1天在企业学习)的交替式学习和培训模式,第三学年实施"5.0"模式(即每周5天在企业顶岗学习,其中第五学期在企业轮岗,第六学期在企业定岗);企业指派1名师傅指导和监督学徒工在企业接受生产技能的培训;学徒工在学徒期间享受学徒工资;企业和学校共同制定实训内容。实践证明,该学徒制人才培养模式促进人才培养质量显著提升。

二、模块化课程体系,满足行业技术需求和学生职业素养提升

与"工作过程导向"培养模式相适应,基于珠宝行业、企业职业岗位的工作过程,开发符合现代珠宝首饰行业技术需求和学生职业素养培养要求的课程体系。

该课程体系立足珠宝玉石鉴定、加工、设计、营销和服务等产业链,调查分析产业链涉及的核心岗位群面向和职业生涯发展路径,构建"专业课程+职业培训课程+专业拓展课程"的模块化宝玉石资源库课程体系,实现"专业基础课程与专业核心课程通用,职业培训课程方向明确,专业拓展课程能力提升",旨在瞄准行业发展新模式、新业态、新流程、新规范,满足学习者"多样化发展"及可持续"拓展提升"的个性化需求。

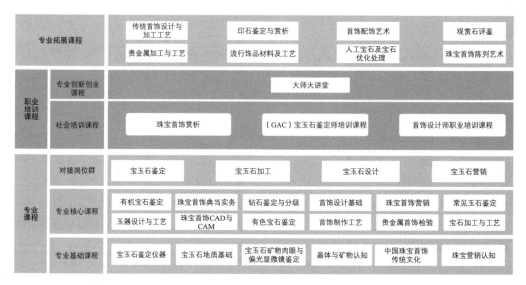

"专业课程+职业培训课程+专业拓展课程"的模块化课程体系

该课程体系充分体现了"四个嵌入"的特征:

(1)将职业培训内容嵌入课程体系。结合现代学徒制培养,宝玉石资源库的30门标准化专业课程直接引入企业的实用培训内容,拉近了学校和企业的联系,强化了课程的职业性,努力实现职业教育技能人才培养目标。

(2)将职业资格认证项目嵌入人才培养方案。将GAC珠宝玉石鉴定项目、教育部"1+X"职业技能等级证书(珠宝玉石鉴定)、"1+X"职业技能等级证书(贵金属首饰制作与检验)、"1+X"职业技能等级证书(珠宝首饰设计)等直接融入人才培养方案,实现"多证融通"。

(3)将行业标准嵌入专业标准。针对珠宝行业技术发展快的特点,尽量将珠宝行业最新技术标准引入教学,如将国家标准《珠宝玉石 鉴定》(GB/T 16553—2017)、《珠宝玉石 名称》(GB/T 16552—2017)都融入课程体系,力求通过"双标融合"将行业主流技术传授给学生。

(4)将企业文化嵌入素质教育。在专门开设职业素养培训课程的同时,请高技术人员和大师做讲座,并通过工学交替和现代学徒制培养尽量让学生学习和吸收企业文化中的优秀成分,体验企业文化和企业规范,同时将创新创业思维和实践融入教学过程。

第三节 项目应用与推广的成效

一、多渠道应用推广,服务不同类型用户多层次的教学需求

宝玉石资源库建设坚持"边建边用,共建共享"原则。根据建设领导小组的要求,项目建设团队积极推广,各联建院校专人负责、责任到人,全面实现教学过程全应用。

学生、教师、企业员工、社会学习者等4类用户积极使用宝玉石资源库浏览、下载资源,参与课程学习和线上互动等。宝玉石资源库在资源创建、上传和应用的同时,与宝玉石资源库网络平台服务单位紧密互动,边运行测试,边推广应用,不断完善、优化平台功能,开展多样、深入、有效的应用推广活动,吸引企业员工和社会学习者通过宝玉石资源库参加企业继续教育培训和社会技能提升培训,实现宝玉石资源库教师用户率先应用、学生用户广泛使用、企业人员用户积极采用、社会学习者用户乐于应用的应用推广目标。

向社会广泛推广宝玉石资源库

(1)教师用户率先应用。联建院校教师在备课、上课、作业布置、过程考核、日常课程辅导、复习指导、在线测试、成绩登记等各个教学环节使用宝玉石资源库;将宝玉石资源库作为教师间交流、教师给学生答疑的重要平台;各院校对专业教师的教学使用情况进行统计,与年终考核、评优评先挂钩,极大地提升了教师使用宝玉石资源库教学的积极性。

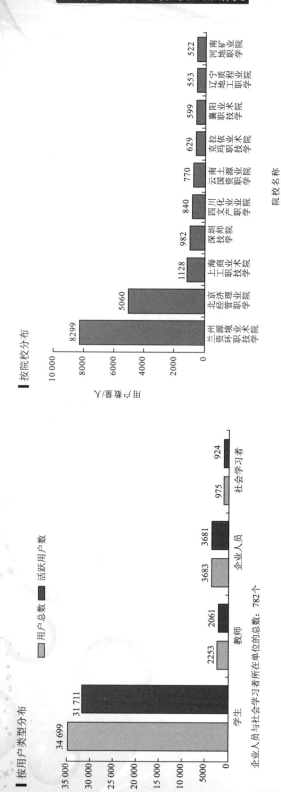
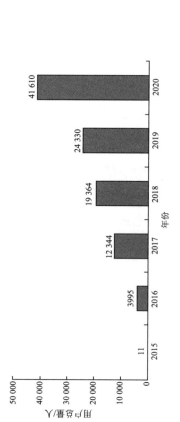

宝玉石资源库用户情况统计图

第二章 项目的应用情况

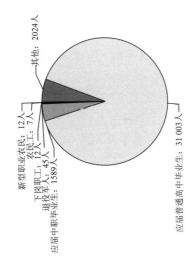

按学生类型分布人数统计

其他：2024人
新型职业农民：12人
农民工：7人
下岗职工：12人
退役军人：45人
应届中职毕业生：1589人
应届普通高中毕业生：31003人

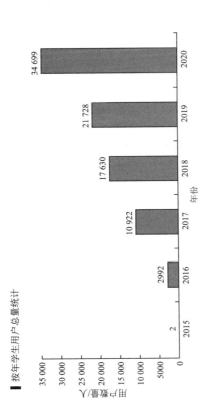

按年学生用户总量统计

宝玉石资源库用户情况统计图（叁）

(2)学生用户广泛使用。宝玉石资源库建设成果推广应用到宝石及材料工艺学、首饰设计与加工、宝玉石鉴定与营销、工艺美术品设计等本科专业与专科专业。推行翻转课堂教学方式,使学生在课前预习、课中学习、课后复习、资料查阅、讨论交流、测试作业、复习考试等学习环节中广泛应用宝玉石资源库;改变课程成绩的评定方式,线上线下相结合,采用实名和学号注册方式,网上学习成绩占课程成绩的一定比例。

(3)企业人员用户积极采用。在参建院校所属区域,宝玉石资源库优质的网络课程能够为当地相关企业人员提供便捷优质的网络课程学习服务。宝玉石资源库建设了职业资格培训包、珠宝赏鉴专项培训包、企业人员专项培训包等系列成果,宝玉石资源库中优质的课程正逐步成为企业人员在线自主学习的方式之一。

(4)社会学习者用户乐于应用。

二、实践线上线下混合教学模式,辐射带动相关院校探索专业教学改革

宝玉石资源库既可支持线上教学模式,也可支持线上线下混合式教学。在线上教学模式中,学员根据自己的时间安排选择登录平台,利用 Word 文档、教学课件、授课视频、解决某个具体难点的微课、习题、自测题及平台作业等资源进行自主学习和练习,在学习和练习中遇到任何问题都可以在平台上向主讲教师提问,并能很快得到回应。这为企业人员和社会学习者利用碎片化时间学习专业知识技能提供了便捷服务。

线上线下混合式教学主要面向在校学生,具体实施分课前预习、课中学习和课后复习3个环节。课前预习:学生利用平板电脑或手机,通过无线网络结合二维码等快捷路径对预先制备齐全的教学资源(包括文本类、动画类和视频类)进行访问和自主学习,直观快捷。课中学习:包括教师的课堂点名、学习内容分解、任务布置,以及学生的讨论和计划制订环节。教师通过电子白板、投影仪等设备给学生进行内容的细化讲解,尤其是对重点、难点部分进行详细剖析,学习可通过提问、讨论、实验等形式深入,确保教师每一个知识点、技能点讲解透彻,学生对每一个知识点、技能点都理解深入。同时,教师再结合课中测试,掌握学生学习的情况,布置任务,由学生自行完成。课后复习:学生独立完成教师布置的工作任务,在相应的实验实训中开展任务,用手机等工具进行过程记录,完成任务后提交制作成果,教师及时在线考核评价。同时,学生可利用宝玉石资源库开展多种形式的拓展学习、测试、评价等工作。自 2019 年以来,利用宝玉石资源库建设课程进行线上教学和线上线下混合式教学的优势凸显,成效显著,个性化课程数量较疫情前增加了 1 倍多,MOOC 开设数量较原来翻了两番。截至 2022 年 10 月,个性化课程已达 726 门次,MOOC 已开设 26 门次。

通过开展线上线下混合式教学,在校学生课堂教学与课下自主学习有机结合,学生学习的时间和空间得到了拓展,教与学、教与教、学与学互动的专业教学模式改革得到了促进。

三、推动校企深度融合,服务继续教育,助力构建学习型社会

项目建设团队充分发挥国家权威行业组织——中国珠宝玉石首饰行业协会、中国轻工

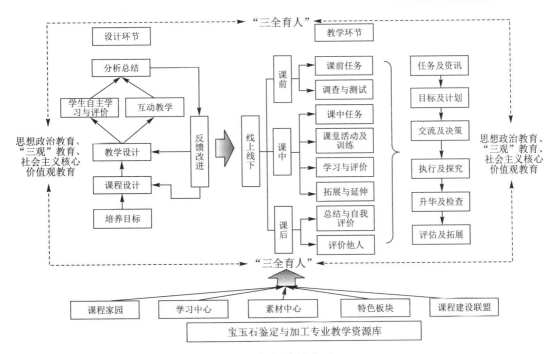

混合式教学模式图

混合式教学模式实践图

珠宝首饰中心等的行业指导、信息权威和桥梁纽带作用，建立"校企行"直通车，全面实现"'校企行'三位一体"的有效融通，充分利用全国知名企业（北京菜市口百货股份有限公司等）以及国家首饰质量检验中心的人力资源和信息资源，实现校校、校企、校行等多维度的良好合作和优势互补，共建全国一流、权威示范、技术领先的珠宝玉石首饰信息资源中心，构建由教师、学生、企业员工、社会学习者等四大学习模块所组成的专业教学资源库。同时，全国珠宝玉石首饰领域一流的专家资源也将成为宝玉石资源库中大师大讲堂等载体的智囊团和顾问。

项目建设团队全面实现"'校企行'三位一体"共建共享、互相借鉴、优势互补、不断完善，实现宝玉石资源库信息的示范性、先进性和全面性。通过建设"'校企行'三位一体"的共建共享型专业教学资源建设平台，截至2021年1月服务了近8000名企业人员用户和近3000名社会学习者用户。

宝玉石资源库中的素材资源、行业信息不仅方便专业师生及时了解宝玉石首饰的实际状况和教育发展趋势，学习和积累实际工作经验，同时，开设的大师大讲堂、宝玉石博物馆、企业频道等板块还为技术创新、学生就业和大众创业提供一流的教学资源支撑，也为社会培训机构以及社区提供专业宝玉石鉴定知识、首饰设计加工知识等方面的教育资料和信息，全面推动了学习型社会的构建。

宝玉石资源库支撑社会服务情况展示图（部分）

甘肃省教育厅

甘教高函〔2021〕16号

甘肃省教育厅关于公布2021年高等学校教学质量提高和创新创业教育改革项目的通知

各高等学校：

根据《甘肃省教育厅关于做好2021年高等学校教学质量提高工程项目申报工作的通知》（甘教高函〔2021〕6号）和《甘肃省教育厅关于开展2021年高等学校创新创业教育改革项目申报工作的通知》（甘教高函〔2021〕9号）要求，经各高校遴选推荐、省教育厅初审、专家网络评审、线上答辩评审、会议研究审议和网上公示，共评选出2021年省级教学名师25人，教学团队30个，实验教学示范中心18个，教学成果培育项目160个，青年教师成才奖36人，创新创业教育改革示范高校3个，创新创业教育慕课12门，创新创业教育教学团队15个，创新创业教育试点改革专业15个，

工作会议精神，紧紧围绕全面提高人才培养质量这个核心，以教学为根本，坚持学生中心、结果导向、持续改进理念，深化教育教学改革，发挥教学质量提高项目的牵引带动作用，形成高水平人才培养体系，振兴本科教育。要持续落实加强创新创业人才培养的战略部署，坚持创新引领创业、创业带动就业，强化校、省、国家三级创新创业教育项目体系建设，完善高校创新创业教育体制机制，营造更加浓厚的支持创新创业教育和学生创新创业的良好育人环境。

附件：1. 2021年甘肃省高等学校教学质量提高项目立项名单
2. 2021年甘肃省高等学校创新创业教育改革项目立项名单

2021年7月6日

二、创新创业教育慕课

序号	课程名称	项目主持人	项目参与人	学校名称
1	公司财务——告别财务小白，开启财智人生	张华	张华、霍宗杰、付健、李焕生	兰州理工大学
2	创新引领，创建无"艾"健康校园——《大学生的性与"艾"》	罗小峰	罗小峰、薛红丽、刘玲飞、赵亚栋、陈继军、陈小伟、周萱荃	兰州大学
3	数字音视频编辑	徐堃	徐堃、陆娜、王迷娟、杨景涛、魏小弟、郑刚、周秀媛、辛欢、王启立、石炜	兰州工业学院
4	观赏石评鉴	王艳娟	王艳娟、王惠榆、王云仙、刘浡、于连玉、路磊、李国琴	兰州资源环境职业技术学院
5	汉字与对外汉语教学	李华	李华、郑绍烨、罗鳌、孙福婷、侯宇、李燕、赵璐、陈霖、王历成、刘忆汝	西北师范大学

宝玉石资源库支撑的学生创新创业教育获奖课程

四、携手"校企行"专家，开展宝玉石资源库应用，服务线上教学

1. "校企行"专家积极开展知识讲座，提升珠宝职业能力

2020年4月21—22日，宝玉石资源库与中国知网联合搭建了"疫情影响下钻石行业行业现状的认识和思考""传统首饰设计与加工工艺""疫情影响下珠宝企业人才的修炼之路""传统工艺美术经典图案鉴赏""世界技能大赛珠宝加工项目"等5门在线免费课程，分别从钻石行业、传统首饰设计、珠宝企业人才发展、世界技能大赛珠宝加工项目等方面开展知识讲座。这些讲座提升了珠宝职业能力的有效性。讲座聘请了联建院校专家进行详细讲解，总学习人数为1876人，浏览量有3989次。这项活动在宝玉石资源库建设中起到了积极的推广作用。

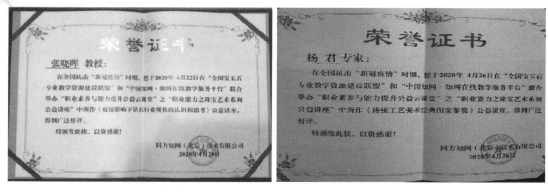

疫情防控期间的宝玉石资源库专家课程讲座聘书（部分）

职业素养与能力提升公益云课堂

2. 面向全国开放宝玉石资源库，保证在线课程使用

在疫情防控期间，宝玉石资源库全面开放，项目建设团队加快建设速度，边建设边完善，边建设边使用，保障优质资源跨地区共享。同时，开通网上答疑和培训服务，在线解决宝玉石资源库应用中的各种问题，利用标准化在线课程平台、公众号、App 等迅速推广应用，推广课程的使用，积极推进 MOOC 建设，为不同学习者提供了学习资源和课程。

2020 年 2—5 月，宝玉石资源库新增用户 1.8 万余人，其中，新增学生数 1.7 万余人，教师超过 800 人，企业人员和社会学习者 0.5 万余人。这不仅保证了联建院校宝石专业（群）

的教学,也为全国开设相关专业或课程的院校提供了有力的权威资源支持,对线上教学发挥了巨大的支撑作用。截至 2022 年 10 月底,宝玉石资源库学习者分布在全国 29 个省(自治区、直辖市),服务用户除了学生和教师,还有退役军人、新型职业农民等。

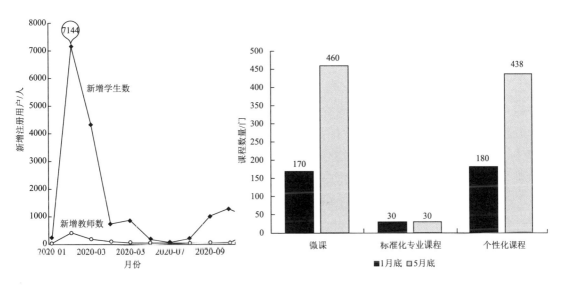

2022 年 1—9 月每月新增注册用户　　　2022 年 1 月底和 5 月底的各类课程数量统计

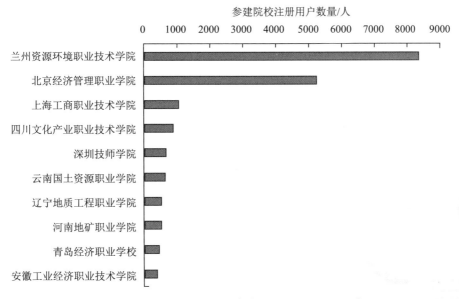

2022 年 5 月宝玉石资源库参建院校的注册用户情况

第四节 项目对专业和产业发展的贡献

一、集聚校企优势，引领宝石专业（群）建设

1. 建立宝石专业（群）标准体系

宝玉石资源库建设始终坚持质量先行，形成以珠宝玉石类国家标准为引领，涵盖国家标准、行业标准、企业标准、职业等级标准、实践标准、课程标准、考试认证标准等在内的完整标准体系。标准共计360余个，其中行业标准包括有色宝石鉴定、钻石鉴定与分级、首饰设计、首饰加工、珠宝首饰营销五大类。

珠宝玉石类标准体系举例

各类标准	举例
国家标准	《珠宝玉石鉴定》（GB/T 16553—2017）、《翡翠分级》（GB/T 23885—2009）等
行业标准（文件）	《文物藏品定级标准》（文化部令第19号，2001年）、《合成立方氧化锆》（DB45/T 192—2004）等
企业标准	《贵金属饰品术语》（QB/T 1689—2006）、《首饰 银覆盖层厚度的规定》（QB/T 1132—2005）等
职业等级标准	《贵金属首饰制作与检验职业技能等级证书标准》《珠宝玉石鉴定职业技能等级标准》等
实践标准	《宝石加工实验室》《净度分级内部特征标记》等
课程标准	《钻石鉴定与分级课程标准》《晶体与矿物认知课程标准》等
考试认证标准	《GAC考试章程》《全国院校钻石分级竞赛分级报告样本》等

2. 建设丰富的优质在线课程资源

"课程中心"提供多种类在线课程资源。所建课程全部实现项目化教学或任务驱动教学，体现"教、学、做、评"一体化的设计。建设内容包括课程标准、课程设计、教学平台选择、课堂设计及实施、评价指标及比例设计、互动交流等。

3. 提升教师数字化教学水平

一方面，在全国开设宝石专业（群）的职业类院校和本科院校中，其原有的教学改革、专业建设、课程建设等方面的优质教学资源缺乏相互开放机制，难以有效共享；另一方面，有些院校的教学资源陈旧，不能适应快速变化的市场需求。

在"互联网＋"、大数据和人工智能高速发展的今天，建设一个代表国家水平、满足多样性需求的开放共享型专业教学资源库，不仅能促使专业教师运用信息技术、数字化资源和信

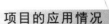

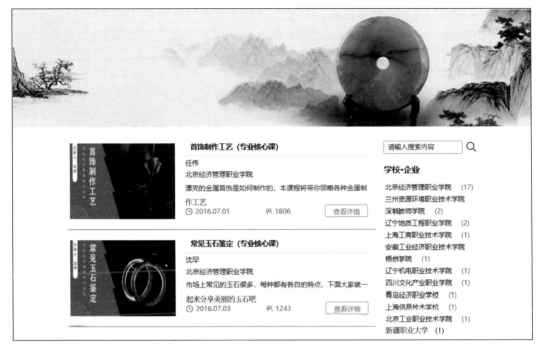

宝玉石资源库之"课程中心"展示界面

息化教学环节解决教学难点,突出教学重点,还有利于学生利用开放共享的学习平台,打破地域限制和时间限制,随时随地、反反复复学习相关知识,并随时检测学生的学习效果,也为课程思政建设和"三全育人"提供有力支撑。同时,利用全国相关院校的课程建设团队,相互借鉴专业建设、课程建设经验,有利于提升各个院校的专业建设水平,全面提升高等职业教育人才培养质量和社会服务能力,使专业教师、全国高职在校生能从高质量的专业资源中受益。

4. 教学互动引导激励学生自主学习

宝玉石资源库不仅提供教学课件、动画、教学录像、企业案例、学生自测自评系统等类型的素材资源,还提供行业规范、专业建设标准、课程建设及实施标准;不仅有多样化的课程,还有以独创的宝玉石博物馆以及大师大讲堂等板块为载体,实现教学内容系统化、趣味化并具有权威性,满足院校师生、企业人员和社会学习者个性化教学的需求,为教师与教师之间、学生与学生之间、教师与学生之间的互动提供良好的平台支撑,全面促进各类学习者的全天候自主在线学习,提升人才培养质量。

5."校企行"融合,推进资源共建共享

宝玉石资源库建设全面实现"'校企行'三位一体"的有效融通,充分利用全国知名企业(北京菜市口百货股份有限公司、七彩云南商贸有限公司等)以及国家珠宝玉石鉴定机构的人力资源和信息资源,实现校校、校企、校行等多维度的良好合作和优势互补,共同建设全国一流、权威示范、技术领先的宝玉石首饰信息资源中心,构建由教师、学生、企业人员、社会学习者等四大学习模块组成的专业教学资源库。

同时,全国宝玉石首饰行业一流的名师和大匠成为宝玉石资源库中大师大讲堂等板块的主角,共建共享一流教育教学资源。宝玉石资源库建设全面实现"'校企行'三位一体"共建共享、互相借鉴、优势互补、不断完善,体现了宝玉石资源库资源的示范性、先进性和全面性。

二、扎根行业产业,推动宝玉石鉴定与加工产业转型升级

项目建设团队坚持"以学习者为中心",聘请研究机构专家、行业组织专家、教育专家、企业专家、网络技术专家加入项目建设团队,多方分工协作、协同创新、分类集成优质资源。发挥团队优势,集合行业、企业及岗位标准,在保证资源充分、冗余的基础上,突出资源分类集成。在具体的资源建设中瞄准企业需求,剖析岗位能力,兼顾不同类型学习者的需求,确定课程体系、专业标准、人才培养方案;依托宝玉石鉴定、设计、加工和营销等行业领域,与联建的宝玉石生产企业,如沈阳萃华金银珠宝股份有限公司、深圳市缘与美珠宝首饰有限公司等多家行业内骨干企业合作,深入企业生产车间,在满足企业生产流程和技术保密要求的基础上,录制宝石设计与加工的操作步骤视频,组织编撰和制作企业生产工艺案例,在宝玉石资源库设计并发布了宝石加工与工艺、玉器设计与工艺等实训课程,完整再现宝玉石设计加工企业的最新技术。

宝玉石资源库的建设与行业对接,与企业共建,以企业技术应用为重点,利用宝玉石资源库的多元互动,搭建时时、处处、人人的无界化互动平台。宝玉石资源库也及时更新行业概况、前沿技术、标准规范信息,企业和学校可以在平台上迅速获取最新的行业信息,查找相关的行业规定和标准。宝玉石资源库不仅汇聚了一流的资源和一流的技术服务,也为校企合作和技术交流提供了平台。网站发布国家、省市、企业的科研计划,院校教师和企业技术人员可跨区域组成服务团队,参与申请,线上线下结合进行项目建设与服务。

三、服务产教融合,制定与产业发展对标的人才培养方案

项目建设团队在广泛深入调研的基础上,围绕人才培养的4个核心问题——"为谁培养""培养什么样的人""如何培养""谁来培养",对专业人才培养的逻辑起点、目标与规格、内容与方法、条件与保障等进行描述和设计。根据珠宝行业的发展,各院校不断加强与珠宝生产、销售等企业的合作,实现"校企行"三方共同育人,促进产教融合,并以首饰加工、珠宝销售职业岗位工作过程为导向,调整、完善专业课程体系,开发课程教学资源,全面采取"双师型""双课堂""双证书"等措施,通过"体验式"课堂教学、现场实习、社会实践、课外活动等方式全程育人。

通过对珠宝行业整体发展趋势、不同类型企业对人才类型与质量需求等方面的综合分析可以确定宝石专业(群)专业人才培养目标,解决"为谁培养人""培养什么样的人"等问题。在确定人才培养目标时,充分考虑人才培养的3个方面,即专业素养、专业知识和专业能力。专业素养要解决的是职业道德和职业文化问题;专业知识是从事某种职业时必需的基础知识和技能;专业能力是一个人在从事某种职业时所需要的能力。在宝石专业(群)典型工作岗位能力分析的基础上,根据岗位能力要求,梳理岗位需要的知识点、技能点和职业素养,并借鉴德国学习领域课程方案,构建基于工作过程的宝石专业(群)课程体系。

宝石专业(群)工作领域对应课程一览表

工作领域	典型工作岗位	主要工作任务	知识点数量/个	能力点数量/个	职业素养点数量/个	对应课程
宝玉石首饰设计岗位群	珠宝首饰设计师	首饰跟版,策划方案,设计产品,管理版型,珠宝首饰赏析,艺术品赏析	33	33	35	珠宝首饰CAD与CAM、传统首饰设计与加工工艺、首饰设计师职业培训、首饰设计基础、珠宝首饰赏析、古玩艺术品赏析、中国珠宝首饰传统文化、大师大讲堂
宝玉石首饰加工岗位群	首饰加工员、宝玉石加工员、玉石雕琢工	贵金属执模,贵金属起版,贵金属镶嵌,贵金属抛光,玉石雕刻	23	23	42	中国珠宝首饰传统文化、贵金属加工与工艺、流行饰品材料与工艺、玉器设计与工艺、首饰制作工艺、大师大讲堂
珠宝鉴定岗位群	珠宝检验员、民品典当师、贵金属检验员	宝玉石的鉴定,贵金属的鉴定,宝石原石的鉴定,观赏石的评鉴,印石的评鉴	36	36	33	中国珠宝首饰传统文化、宝玉石鉴定仪器、钻石鉴定与分级、有色宝石鉴定、有机宝石鉴定、常见玉石鉴定、贵金属首饰检验、人工与优化处理宝石鉴定、(GAC)宝石鉴定师培训课程、晶体与矿物认知、观赏石评鉴、印石鉴定与赏析、宝玉石地质基础、大师大讲堂
珠宝营销及管理岗位群	珠宝销售顾问、店长	市场调研,珠宝销售,商品管理,复杂客诉处理	32	32	52	中国珠宝首饰传统文化、珠宝首饰典当实务、珠宝首饰陈列艺术、珠宝营销认知、珠宝首饰营销、首饰佩戴与配饰、大师大讲堂

按照职业岗位—工作任务—职业能力—学习领域(或项目化课程)—学习情境(或学习项目、学习单元)的路径,建构基于工作过程系统化的课程体系。例如,宝玉石鉴定师的工作任务包括:宝玉石外观特征的描述、有色宝石的鉴定、玉石及有机宝石的鉴定与优化处理、合成宝石的鉴定、宝石证书的开具、宝玉石鉴定流程的设计、鉴定机构仪器设备的日常管理等。

同时,宝石专业(群)人才培养方案制定秉承了"做学一体、工学结合"的人才培养理念,实施"岗课证赛一体化教学"的人才培养模式,为学生提供"宝玉石标本管理系统"终身支持平台,并提供充足的实践岗位和技能竞赛平台,使学生在实践中学习。

四、聚焦国家战略,全面支撑中华宝玉石文化传承与发展

1. 建立宝玉石博物馆,传承中华优秀宝玉石文化

中华宝玉石文化源远流长,博大精深,与时俱进,借鉴吸收了世界优秀文化成果,不断创

新发展。然而,长期以来,中华宝玉石文化的传播处于一种零散、点滴式、非体系化的状态,缺少一个有效的整体式平台。

宝玉石资源库中设置有宝玉石文化板块,将为传播和弘扬宝玉石文化提供一个有效的平台,同时也有利于扩大传播的受众面,培养更多的宝玉石文化爱好者(即潜在的消费者),也有利于宝玉石文化的发展和丰富,更好地实现宝玉石产业文化的经济功能。

宝玉石资源库以网络服务平台为载体,开发数字化教学资源发布、共享和管理系统,包括以网上学习、在线辅导、考试评价、证书或水平考核等功能为主体的学习支持服务系统和以资源获取、教研交流、进修提高等功能为主体的教学支持服务系统,积极引进企业实践项目案例,推进数字化教学资源共享和更新。

尽最大可能,增加双语教学素材,增加世界品牌珠宝设计、营销案例,为全国岗前及在岗从业者(学习者)进一步拓展知识、提高专业技能或拓展学历层次,提供内容丰富、优质的学习平台,同时也为国内外珠宝玉石爱好者提供权威、优质、专业、便捷的宝玉石相关教育教学及文化资讯服务。

2. 推动珠宝玉石产业转型升级,促进工艺技术进步

习近平总书记在党的二十大报告中明确指出"从现在起,中国共产党的中心任务就是团结带领全国各族人民全面建成社会主义现代化强国、实现第二个百年奋斗目标,以中国式现代化全面推进中华民族伟大复兴",并明确我国社会主要矛盾是"人民日益增长的美好生活需要和不平衡不充分的发展之间的矛盾"。

随着我国居民物质和文化生活水平的不断提高,居民对兼具物质和文化双重功能的珠宝玉石首饰的需求大大增长。

同时,随着市场竞争的日趋激烈,行业发展不能再依赖粗放的数量扩张,而必须转移到依靠技术进步和提高效益上来,珠宝玉石首饰行业的转型升级势在必行。宝玉石资源库的建设有利于企业间技术充分交流,对推动技术创新、产品创新都产生了积极的影响。

随着3D技术、人工智能、微商直播等新兴技术和新业态的发展,企业对一线技术工人和营销人员的要求逐步提高。宝玉石资源库的建设与应用为行业从业人员学习掌握新知识、新技术、新工艺以及新理念、新理论提供了国家级权威平台,通过共享持续、丰富的学习资源与培训资源,促进行业队伍结构优化,推动企业技术进步,促进产业转型升级。

3. "互联网+"支教帮扶和田职校,教育先行促新疆乡村振兴

为贯彻党中央引智帮扶决策,落实北京市委"科学援疆、全面援疆、真情援疆"的帮扶要求,在北京市教育委员会、北京市援疆和田指挥部的统一领导下,依托宝玉石资源库,北京经济管理职业学院对口援建和田玉雕培训学校。

本次援建从课程设置、网络教学、学校管理、学校建设等方面展开精准对口帮扶,旨在既输血带去职教新理念,又造血培养和田师资团队,助力提升和田市玉石雕刻培训学校教育教学水平和人才培养质量,巩固民族团结,为和田地区职业教育高质量发展作出贡献。在此目标的指引下,宝玉石资源库以其"能学辅教"的功能定位,成为本次帮扶的主要媒介。宝玉石资源库的人才培养模式改革思路、课程体系架构为和田玉雕培训学校人才培养模式改革和

第二章 项目的应用情况

宝玉石博物馆部分内容展示

教育教学改革指引方向,提供经验借鉴,有效提升该校人才培养质量。宝玉石资源库对接业内新工艺、新技术和新规范的优质教学资源,极大地丰富了和田玉雕学校专业教学内容,增加了教师们对信息化教学的认识,促进了线上线下混合式教学的应用,助力当地"三教"改革的落地。同时,大师大讲堂和基于云技术、具有VR模式的多终端数字化宝玉石博物馆,配合玉雕大师线上讲座,极大地弥补了和田学生由时空差距带来的学习遗憾,使学生感知到了宝玉石行业发展潮流,种下了工匠精神的种子,拓宽了专业视野。

依托宝玉石资源库,通过2年的帮扶,该校校企合作资源高效整合,教师教育教学手段、教学策略和教学质量有了显著提升,学生专业视野、专业知识和技能水平得到极大的拓展,为助力和田地区教育振兴和振兴乡村提供了强有力的保障。

4. 科普化知识启蒙职业认知,推动职普融通,弘扬劳动光荣的精神

为贯彻落实新《中华人民共和国职业教育法》,提升职业教育认可度,北京经济管理职业学院充分发挥宝玉石资源库线上集成共享优势,面向基础教育开放,以丰富的学习资源供给

推动北京市西城区黄城根小学、北京市昌平区平西府中心小学等中小学校职业启蒙、职业认知和职业体验等职普融通系列活动的开展。学校以"线上线下学习体验"相结合的方式,增强中小学生职业启蒙的直观化、实体化,增强参与感、体验感。通过教师引导,学生线上学习参与"微课""虚拟仿真实验"等活动,感受宝玉石鉴定师、珠宝设计师、玉石雕刻师、花丝镶嵌师的职业魅力,再通过线下实践体验,体验岗位实践,获得满满成就感。同时,依托大师大讲堂、宝玉石博物馆等拓展板块,引导中小学生走进中国玉文化世界,感知中国传统文化的悠久历史、博大精深和源远流长。

"互联网+"职普融通系列活动有效激发中小学生的职业兴趣,促使他们形成正确的劳动观和职业观,弘扬劳动光荣、技能宝贵、创造伟大的时代风尚。同时,在历史悠久的玉文化的浸润下,学生们身为中华儿女的民族自豪感和荣誉感也会持续增强。

第五节 典型学习方案设计

根据宝玉石资源库"能学、辅教"的功能定位,所建设的数字化资源,不仅要给教师提供一线丰富、优质权威的宝石专业(群)教学资源,为在线混合学习提供丰富的课程资源、学习内容和学习方法指导,同时促进和提升学校信息化建设,搭建校企协同数字化交流协作平台,提高学校教学、管理、服务、技术应用和文化建设数字化管理能力,实现优质素材、精品课程和文化传承等优质教育资源的集成共享。

宝玉石资源库是创新教学模式、重构课程结构、探索学习模式改革的信息技术教学平台:一方面体现教学资源库"辅教、能学"的功能,促使学习者能方便、快捷、有效地进行学习;另一方面也实现"全方位、立体化",为学生、社会学习者、企业人员提供学习资源保障。

一、聚焦学生专业核心关键能力,落地双创教育理念

经过4年多的建设和近2年的更新,宝玉石资源库聚焦宝石专业(群)人才培养目标及培养规格,构建专业核心课程;设计专业核心课程教学方案和教学组织流程,按照"颗粒化资源、结构化课程"的思路落实建设任务,包括课程设计思路、教学资源建设、线上线下混合式教学实施方案等。同时,宝玉石资源库与职教云平台对接并全方位辅助日常教学,以典型工作任务场景构建教学任务,根据学生学习和认知规律,建立覆盖学生课前预习、课中学习、课后复习不同学习阶段的不同学习任务,构建符合宝石专业(群)专业知识点与技能点的混合式学习模式,有效解决了纯在线模式在教学支持和教学效果方面的问题。另外,利用系列化的宝石专业(群)实战任务项目提升学生的创新创业能力,培养学生基于互联网的自主学习能力和深度学习能力,充分调动学生学习的积极性,培养学生的创新意识,实现人才培养质量的提升。

二、依托平台个性化数字资源池,数字赋能"三教"改革

围绕宝石专业(群)人才培养目标,依托宝玉石资源库,推进线上线下混合式教学,推进教学模式改革创新;依托数据化管理,实施科学课程评价与课程管理,夯实教学组织基础,提高教师的教学能力。根据教学内容设计、教学应用场景需要,依托资源库平台建设的"资源池",根据教学内容安排,结合平台和职教云强大的教学行为数据跟踪引擎,教师为学生打造与教学内容匹配的、可感知的教学与互动社区;学生根据自己的学习兴趣及知识掌握情况,自主、自助规划学习路径,顺利学习,渐进实操,轻松掌握学习内容。

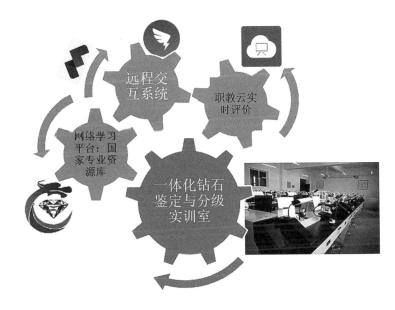

基于宝玉石资源库构建"钻石鉴定与分级"课程个性化数字"资源池"

坚持应用驱动、学以致用,实施线上学生自主学习学时与线下面授学时有机结合的混合式教学模式,创新课堂教学方式。特别是依托宝玉石资源库优质资源,运用职教云平台实现个性化课程的设计,将课程学习和协作化学习相结合。既尊重个体的学习习惯、学习兴趣,又能根据不同的认知能力构成协作小组。通过教师全程引导,学习者能根据自身能力进行递进式学习,也可以在合作中取长补短,促进学生间情感交流,将学习动力进行内化,实现主动学习,获得满足自己需求的教学体验和知识能力,在个性化课程设计和教学中注重教学实际应用与教学创新改革,全面开展"三教"改革,有效提升教师的课程设计和教学引导能力,实现基于数据的形成性考核和基于教学成果的数据化教学模式创新。

三、回归珠宝鉴定与加工基本面,面向人人开展专业知识科普化

以宝玉石资源库为载体,充分利用互联网技术,建设适合社会实际情况与不同学情的课

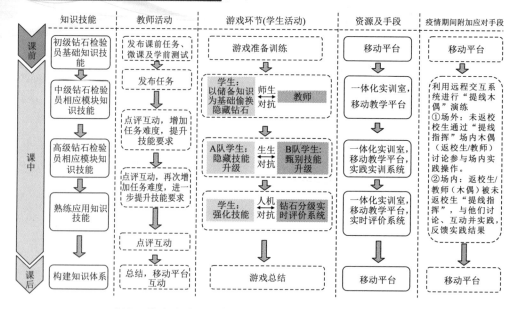

"钻石鉴定与分级"线上线下混合式教学改革结构图

程资源,进一步增加技能含量,在全社会宣扬宝玉石鉴定与加工技能文化,弘扬劳动光荣、技能宝贵的精神,注重创新,回归社会现实需要;根据社会宝玉石鉴定与加工爱好者和企业人员等不同群体的需求差异,面向基础不同、需求不同的群体,利用新技术、新工艺,开发科普性课程、基础性课程、专业课程、知识讲堂、博物馆等板块。本着满足差异化的需要,相关校企开发了包括微课、教学录像、虚拟仿真、动画演示等资源在内的宝玉石资源库,内容贴合专业知识应用的实际情况,符合社会及行业的发展趋势,不仅可以有效地帮助职场人士自主学习相关知识,还能够满足中小学生科普和社会上爱好宝玉石群体的需求,面向人人开展专业知识的科普化学习,推动形成重视技能、崇尚技能、人人学习技能、人人拥有技能的良好氛围,也大幅度提升了宝玉石资源库的适应性和应用效率,实现宝玉石资源库的最大社会服务价值。"汇入"生活,"融入"日常文化普及,提升宝玉石专业技能在人民群众高质量生活中的重要作用。

四、聚力打赢疫情防控攻坚战,实现"停课不停学"

为了积极响应教育部号召,宝玉石资源库面向全国学生开放。学生通过登录智慧职教云平台,足不出户就能享受到优质的教学资源,满足教育部提出的"停课不停学""停课不停教"的要求。

自2019年以来,宝玉石资源库以其系统课程、优质的资源和信息化的教学平台,持续发挥着作用。121个标准化专业课程和典型工作任务课程为全国3000余名教师提供了小规模限制性在线课堂(small private online course,SPOC)基础。截至2022年10月,SPOC已有640个,约789万的互动量。此外,教学资源和标准化专业课程,玩转珠宝、微课中心、素材中心、"1+X"证书,独具特色的大师大讲堂和宝玉石博物馆,满足在校师生、企业人员和社会学习者等不同用户对宝玉石专业课程的学习需求、培训需求。

第二章 项目的应用情况

教育部职业教育宝玉石鉴定与加工专业教学资源库
Gems and Jade Identification and Processing Teaching Resource Library

教育部职业教育宝玉石鉴定与加工专业教学资源库推广项目："资源库进课堂"之北京市昌平区平西府中心小学教学活动

一、教学时间：2020年11月11日星期三

二、教学班级：平西府中心小学实验班一学生社团

三、人员配置：
　　项目主管：北京经济管理职业学院　杨君
　　　　　　　平西府中心小学　孙磊
　　教学主管：北京经济管理职业学院　刘怡博
　　　　　　　平西府中心小学　关庆族
　　助教：平西府口心小学 周云、孙欣荣、刘祥、李鹏程、马东宇、刘宇童

四、授课教师：北京经济管理职业学院杨君主任、王卉主任

五、授课内容：教育部职业教育宝三石鉴定与加工专业教学资源库内珠宝玉石知识，"我最爱中国玉"

六、现场照片

基于宝玉石资源库开展的"我最爱中国玉"专题讲座

全国职业教育宝玉石鉴定与加工专业教学资源库建设项目文件

宝玉石库〔2020〕01号

关于做好利用宝玉石鉴定与加工专业教学资源库开展教育教学工作的通知

各资源库建设单位：

为落实中央应对新型冠状病毒感染的肺炎疫情工作领导小组会议精神以及教育部的相关要求，有效防控新型冠状病毒感染的肺炎疫情传播，按照国家统一工作部署，确保2020年春季教育教学工作稳定有序，按照"停课不停学，学习不延期"的原则，各宝玉石鉴定与加工专业教学资源库建设单位，应充分利用资源库开展教育教学，为防控疫情做出贡献。

国家职业教育宝玉石鉴定与加工专业教学资源库，网址为：http://www.icve.com.cn/zgzbys。该项目于2018年7月由教育部批准立项（立项编号2017-12），由北京经济管理职业学院、中国珠宝玉石首饰行业协会、兰州资源环境职业技术学院主持，全国16所院校和12个行业企业共同建设，资源库涵盖了"宝玉石鉴定与加工"、"首饰设计与工艺"、"玉器设计与工艺"、"宝玉石鉴定与营销"等中、高职相关专业的专业课程，已建成26门标准化课程，还有独具特色的大师大讲堂和宝玉石博物馆。该现有注册学员24000余人。目前资源库平台有优质教学录像、教学课件、动画等上线资源17975条，可供选择的题库11286条，微课260个，典型工作任务15个。

为服务广大学习者在线学习，现建立课程负责人群，向社会公布，便于全国不同课程学习者进行线上指导，QQ群号码：648841976，也可扫码加群

，申请加群请使用实名方式，群内名称使用"院校+姓名"。

疫情防控期间，宝玉石资源库"停课不停学"的相关文件

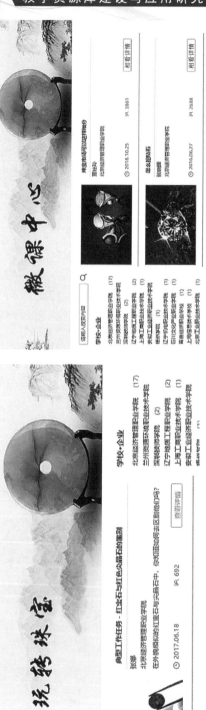

宝玉石资源库平台支撑培训课程开发情况展示图

第六节　管理与共享机制的建设、应用

为了更好地促进资源的共建共享,项目建设团队设计了一套依托联建院校及全国珠宝职业教育联盟的机制,以确保专业教学资源库的建设质量,并实现全国范围内大广度、高深度的应用推广,并最终落实到人才培养质量的提升之上。

为了实现资源的共建共享及宝玉石资源库的应用推广并最终实现人才培养模式的变革,项目建设团队从以下几个方面进行了积极的探索和实践。

一、建立全国珠宝职业教育联盟

主持单位在专家的指导下,联合国内15所职业院校和14家企业单位成立全国珠宝职业教育联盟,组建宝玉石资源库共建共享联盟,同时起草《全国珠宝职业教育联盟宝玉石鉴定与加工专业教学资源库共建共享合作协议》。该协议初步构建了资源共建共享模式,为后续宝玉石资源库项目的申报、建设和应用推广等工作发挥了积极作用。

二、推进共享的组织保障机制

(1)组建项目建设团队。主持单位负责组建项目建设团队,成立建设指导小组,集聚行业、企业及职业院校的专家参与宝玉石资源库建设。鼓励跨区域组建项目建设团队,选择与所建资源库专业领域相关的全国性行业组织和先进企业合作,如"宝石加工与工艺"课程建设以辽宁地质工程职业学院为主导,梧州学院及相关企业合作开发。

(2)建立长效激励机制。一方面,主持单位要充分发挥统筹协调作用,在资源库建设的理念、方法、技能、水平以及质量保障等方面加强对团队成员的指导与培训;另一方面,联建单位应切实承担好建设应用任务,并为建设工作提供必要的支持,特别是要把资源库建设应用工作作为推进学校信息化教学的重要抓手,在教师的考核评价、职称评聘等方面建立长效激励机制。资源库建设是一项长期工作,长效激励更有助于资源库的更新和应用。

(3)成立项目领导小组。成立以牵头院校主管校长为组长、二级学院院长(系主任)为副组长、子项目负责人为成员的项目领导小组,同时成立项目办公室。

项目领导小组负责项目统筹规划、组织实施、监督协调,审定《宝玉石鉴定与加工专业资源库建设项目管理办法》《宝玉石鉴定与加工专业资源库建设项目资金使用与管理细则》等制度。项目办公室设在专业所属二级院系,负责项目建设组织实施和日常管理,检查项目计划、进度、成本等执行情况,组织开展绩效评估和考核,提出评估意见和改进建议,组织项目验收工作。

(4)组建子项目建设团队。实行目标管理制度,明确子项目负责人负责子项目的建设工作,由子项目负责人牵头组建子项目实施团队,并负责资料的真实性、完整性、正确性和知识产权方面的检查与核验。

(5)更多支持团队。①组建了专家组。由全国珠宝职业教育联盟、行业组织及企业的专家,中国地质大学(北京)等高校的专家,以及高职院校专家等8名专家组成,负责宝玉石资源库建设的质量控制。②成立了资源库使用保障组、资源库建设技术团队、资源库建设协调小组、资源库检查督导小组等。这些组织有效地推动了宝玉石资源库的建设。

三、强化资源质量控制、更新机制

(1)重视原创资源开发,建立知识产权保护机制。建设成果归国家所有,参与单位和个人享有署名权。根据《中华人民共和国知识产权法》维护著作权人的合法权益,违法单位和个人独自承担相应的法律责任。在资源开发过程中,坚持实名制和原创性,做到产权清晰,确保资源无知识产权争议。

专家组成员和资源库工作推进小组管理团队联合组建宝玉石资源库质量效果评审机制,制订资源评审标准和资源遴选流程,对资源质量进行评价,并根据试运行效果对宝玉石资源库进行评审。

(2)完善资源更新机制。根据产业发展和技术进步对宝玉石资源库的内容进行更新,及时引进行业新工艺、新技术、新材料、新设备,研发形式多样的优质资源,更好地满足教师教学、人才培养和技术应用的需要。

四、联建单位认证标准及交易机制探索与实践

宝玉石资源库的建设和推广涉及多家不同类型的联建单位。项目建设团队根据联建单位性质的不同可分为3类,分别建立协议管理机制。

(1)联建院校协议管理机制。包括建设内容、建设流程和要求、建设时间、投入产出等方面。通过协议规定相关联建院校的建设内容,按时保质完成相应课程及相关资源的建设;课程的设计遵循学生职业能力培养的基本规律,以真实工作任务及其工作过程为依据整合教学内容,科学设计学习性工作任务,教、学、做相结合,理论与实践一体化,实训、实习等教学环节设计合理;负责承建课程资源上传平台、使用测试及应用推广;负责承建课程资源在本校、项目组成员院校以及全国院校相同、相近或相关专业的师生中的应用、交流与推广;指导外单位学生或企业人员的在线学习,进行学分认定及校际学分互认;做好课程资源在本校的应用对接与使用推广,每年达到15%增量;做好项目资金预算,并按季度报送资金执行表(每季末),内容包括拨付资金的执行进度;项目建设完成后出具经费使用审计报告。

(2)全国珠宝职业教育联盟协议管理机制。通过协议规定相关全国珠宝职业教育联盟的主要内容,根据行业、企业的最新动态对宝玉石资源库门户网站的内容进行更新;撰写宝玉石行业产业发展报告;在宝玉石资源库门户网站上发布珠宝鉴定产业的国际标准、国家标准、行业标准、政策文件,开发和更新行业标准和技术规范;开发企业急需的行业岗位技术标

准;不定期召开技术论坛对产业动态、数据和案例进行讨论和发布,项目组成员院校免费参会并获取会议资料;联系企业并聘请企业家或者能工巧匠组成讲师团;在行业和企业中推广宝玉石资源库的应用;配合宝玉石资源库的应用每年组织开展职业技能比赛;做好项目资金预算,项目建设完成后出具经费使用审计报告。

(3)资源库网络平台协议管理机制。通过协议规定相关资源库网络平台的主要内容,辅导培训支持课程资源的上传、测试、使用和应用推广;定期开展平台使用的培训,针对的对象包括院校教师、学生和企业人员;及时解决项目组成员单位资源建设过程中的各类技术问题,服务项目组成员单位师生资源应用的需要,设立在线技术支持组,提供远程服务;开发并维护资源库学习平台等。

第三章
典型案例

疫情之下基于宝玉石资源库的线上线下混合式教学探索

北京经济管理职业学院　贾桂玲

教育改变人生，网络改变教育方式。随着5G时代的到来，网络已成为人们获取知识的又一个重要渠道，教师的舞台也不单单是三尺讲台，学生的学习空间更加广阔。网络空间让学习变得更加便捷，更加随时、随地、随性。信息技术的迅速发展深刻地影响着人类社会的发展，人才的需求结构发生了很大的变化，社会和科技的发展改变了教育形态。云计算技术、大数据技术、人工智能、虚拟现实、物联网等互联网技术对教学方式都产生了重大的影响。

宝玉石资源库按照"国家急需，全国一流，面向专业"的要求，围绕国家战略性新兴产业和支柱产业，聚焦技术技能人才紧缺的职业领域，依托职业教育专业，利用现代信息技术，由职业院校牵头，行业协会、企业共同参与，通过共建共享集合全国优质教学资源，建立健全资源平台，提升教学信息化水平，带动教育理念、教学方法、学习方式的变革，为在校学生、教师、企业人员和社会学习者提供服务，增强职业教育的社会服务能力，不断提高职业教育的培训质量，为社会高质量发展提供技术技能人才支撑。宝玉石资源库是以创建精品课程为核心，以资源共享为目的，集资源分布式存储、资源管理、资源评价、知识管理于一体的资源管理与教学辅助平台。

一、依托宝玉石资源库助力抗疫教学不断线

宝玉石资源库内容覆盖宝玉石全产业链，通过整合院校、行业协会、企业等的资源形成新素材。这些素材包含来自生产实际的工作流程、基本操作、仪器设备、机器和原材料，还包括来自职教课堂的基本理论、实验实践、大师课堂、大师讲座，还有宝玉石相关的博物馆等，内容丰富且多样。宝玉石资源库运用先进的信息化技术，以"一体化设计、结构化课程、颗粒化资源"的建构逻辑，遵循"共建共享、互融互通、易建易扩"的思路和原则，形成了多终端可以学习和评价的"一馆"（宝玉石博物馆）、"一堂"（大师大讲堂）、"一中心"（学习中心）、"一基地"（中华优秀宝石文化传承基地）特色品牌资源库。宝玉石资源库能很好地适应行业发展，跟踪并不断融入新技术、新成果、新材料和新业态，形成以企业核心岗位职业通用能力为基础的工作过程导向的共享模块化课程，还可以根据学习对象和教学需要组建个性化课程。

2020年春季以来，学院间断性地多次实施线上教学，为了实现"停课不停教，停课不停学，教学不断线"，宝玉石资源库发挥了重大作用。宝玉石资源库的课程等资源，既为教师教学提供了保障，也为开展多种形式的拓展学习、测试、评价提供了保障。在满足共性需求的同时，为了照顾到学生的个性化学习需求，宝玉石资源库平台构建起全时空的线上"云"课堂，使教学质量不放松。这体现了以人为本、服务社会、终身学习的职业教育理念。

二、运用宝玉石资源库组建新课教学有个性

宝玉石资源库内容覆盖面广,素材呈现形式丰富。这有利于搭建新的个性化课程,形成个性化应用,满足线上线下混合式教学的需要。以北京经济管理职业学院的奢侈品营销专业为例,根据人才培养的目标和要求,学院新开"珠宝与首饰赏析"课程。

不同专业方向的人才培养要求不同:按专业岗位要求确定知识目标,再按知识目标梳理课程内容,设计教学内容,在学情分析的基础上实施教学。例如,"珠宝与首饰赏析"的课程内容涉及8个项目,每个项目包含不同的任务和子任务。8个项目涉及宝玉石资源库中十余门课程,在制作各项目的教学课件时,以教学项目的知识树为主线,有效运用资源库中丰富的资源,充分发挥优质资源的作用,保障了线上线下混合式教学的资源供给,助力"三教"改革。

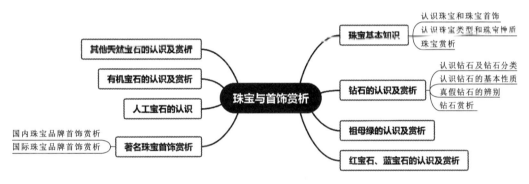

"珠宝与首饰赏析"的课程内容框架

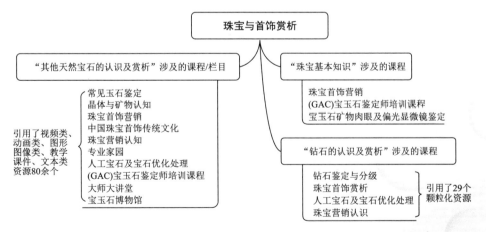

3个项目涉及的宝玉石资源库课程和栏目

| 首页 | 班级 | 导学 | 教材 | 课程设计 | 题库 | 作业 | 考试 | 成绩 | 统计分析 |

[导入后学习记录将纳入相关资源库监测统计]　　如何进行课件设计？　设计备忘　导入　上传校本课程库　取消上传校本课程库

资源占比分析　引用宝玉石资源库资源336个，占比87.73%，原创资源47个，占比12.27%

新导入课件会导致学生学习进度变慢；删除课件会使学生学习进度发生一定程度的变动。请知晓！

>	一	课程基本信息
>	二	珠宝的基本知识的内容
>	三	钻石、祖母绿、红蓝宝石的认识及赏析
>	四	其他常见珠宝的认识及赏析
>	五	著名珠宝首饰赏析

"珠宝与首饰赏析"引入资源和原创资源的占比情况

"钻石的认识及赏析"颗粒化资源使用情况

项目任务	引用资源/个	原创资源/个	资源类型	涉及的宝玉石资源库课程
认识钻石及钻石分类	7	3（教学课件、视频类、文本类）	视频类、动画类、虚拟仿真类	钻石鉴定与分级、珠宝首饰赏析
认识钻石的基本性质	16		视频类、动画类	钻石鉴定与分级
辨别真假钻石	3		视频类、动画类	钻石鉴定与分级、人工宝石及宝石优化处理
钻石赏析	3		视频类	钻石鉴定与分级、珠宝营销认识

由于宝玉石资源库能很好地满足"珠宝与首饰赏析"供学生认识和欣赏珠宝首饰这一需求，并集欣赏和分析于一体，学生在实践前通过视频类素材、动画类素材、虚拟仿真类素材、图形图像类素材、教学课件等教学资源较深刻地鉴赏了珠宝与首饰。本课程的授课以线下课堂教学为主，运用职教云设计课前、课中、课后教学内容和课堂活动组织教学，以学生为主体，改变原有的教学方式，结合App的投屏功能，通过互动提高学生的积极性和学习兴趣，取得了良好的教学效果。

三、立足提高质量,线上线下融合开启"智慧"课堂

要实现优质教育资源的开放共享,推进在线开放课程建设势在必行。本部分主要以"珠宝首饰营销"线上线下混合式教学的"智慧"课堂为例进行说明。

线上线下混合式教学课程建设以习近平新时代中国特色社会主义思想为指导,贯彻落实国家职业教育改革实施方案精神,落实立德树人根本任务,更新教育教学观念,提高人才培养质量,推进教育信息化环境下教学方法和教学模式的改革,充分利用网络在线教学优势,强化课堂互动。同时,通过加强课程思政体系建设,适应新时代要求的具有专业特色、提升学校影响力的线上线下混合式教学模式形成了。提升人才培养质量是本模式的指导思想。

(一)线上线下混合式教学模式的实施

以宝玉石资源库为依托,充分利用职教云平台、智慧职教MOOC学院、宝玉石资源库公众号,依据《教育部职业教育宝玉石鉴定与加工专业教学资源库"线上线下"混合式教学实施方案》实施"珠宝首饰营销"线上线下混合式教学。特别是在2020年2—7月份,由于客观条件的影响,课堂教学大多通过网络完成,教学方式和教学方法得到了创新,教学效果良好,同时积累了教学经验。近两年,出于疫情防控的需要,仍有部分线上教学代替线下教学,线下课堂教学引入部分线上教学方法,形成线上线下混合式教学。

1. 课程中心应用及混合式教学架构的搭建

基于智慧职教平台的各项功能,课程中心满足学生、教师、企业人员、社会学习者等的自主学习需求,通过典型方案的设计与应用,供学习者自主学习。线上线下混合式教学实践、技能训练模块、微课课程可以满足不同类型学习者的需求。网上教学资源有教学文件(教学标准、教学设计等)、试题库、作业库、教学课件、课程讲授视频等,资源建设类型主要有文本类、教学课件、视频类、动画类等。

1)结合课程标准搭建知识技能树

作为宝玉石鉴定与加工专业的核心课,"珠宝首饰营销"的线上线下混合式教学建设思路如下:基于宝玉石鉴定与加工专业教学资源库,"一体化设计,结构化课程,颗粒化资源",在顶层设计的基础上,以珠宝首饰营销工作过程和任务为导向,以技能岗位需求为依据,按职业成长规律和认知规律构建一体多级的知识技能树,再将多种类型的颗粒化资源进行有机结合和排列,以方便学习者使用。

各个模块根据对应的能力目标和知识目标被细分二级、三级知识树节点,将多种媒体形式的颗粒化资源对应在三级知识树节点下,主要有任务要求、学习内容、知识拓展等。

```
● 珠宝首饰营销 (995)
    ⊕ 珠宝市场认识 (97)
    ⊕ 珠宝市场环境分析 (151)
    ⊕ 珠宝市场调查与预测 (99)
    ⊕ 珠宝市场的定位 (104)
    ⊕ 珠宝产品与品牌 (149)
    ⊕ 珠宝产品定价 (125)
    ⊕ 珠宝产品分销渠道 (80)
    ⊕ 珠宝市场促销策略 (110)
    ⊕ 典型情景项目——调查珠宝首饰拥有和佩戴情况 (10)
    ⊕ 企业培训典型任务 (9)
```

"珠宝首饰营销"的知识树示例(部分)

```
● 珠宝市场调查与预测 (99)
    ⊕ 认识珠宝市场调查 (16)
    ● 完成一项珠宝市场调查 (56)
        ⊖ 珠宝市场调查的程序 (3)
        ⊖ 设计珠宝市场调查问卷 (8)
        ⊖ 珠宝市场资料收集 (15)
        ⊖ 珠宝市场调查资料的分析 (17)
```

"珠宝首饰营销"的二级和三级知识树示例(部分)

2)线上线下混合式教学实践

线上线下混合式教学是指从线上到线下再到线上的教学方式。整个教学设计秉承"以学生为中心,以教师为主导"的理念,线上线下异步进行。

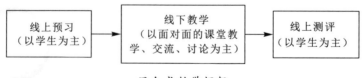

混合式教学框架

教师发布课前任务,学生收集相关信息或预习课程,并按课堂任务要求成立虚拟公司——学生查找资料,进行有效学习——由学生总结验证,教师通过点评帮助学生解决学习中遇到的问题,巩固学习成果,并进行系统化评价。

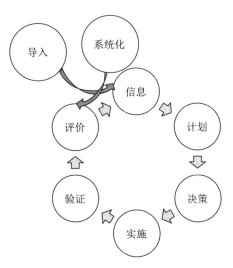

线上线下混合式教学流程示意图

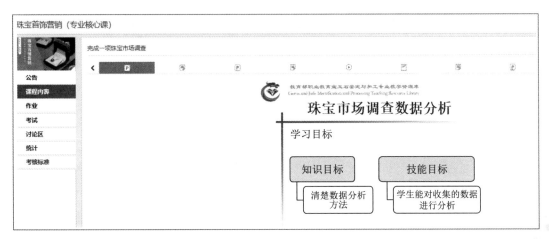

学习过程示意图

2. 职教云平台混合式教学架构的搭建

职教云平台是基于智慧职教资源建设而建立的移动端和课堂教学共同使用的教学方式。

通过职教云创建课堂,针对不同班级进行线上线下个性化教学设计,"珠宝首饰营销"的职教云课堂设有课前、课中、课后环节,并根据实际情况设置课程学习、作业、测验、考试、分组活动、学习讨论、头脑风暴等任务和活动。课堂实时数据的查询和课后反馈有助于掌握学生的学习情况,及时为学生制订个性化的学习方案。宝玉石资源库的平台资源可以在课堂上实现知识拓展,帮助学生加深对理论知识的理解。

学习结果评价统计

职教云中的课程设计

职教云中的课堂活动

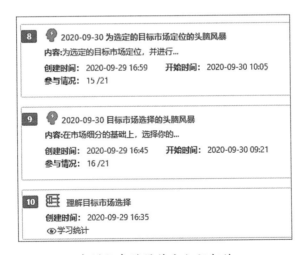

实训任务的设计和知识归纳

学生可以利用任何时间学习线上知识;线下课堂可以利用职教云的各种功能和课堂设计丰富课堂教学;实训通过线上线下联动为学生提供自主学习的系统资源;教师既可以利用资源教学,也可以利用资源指导实训、答疑解惑。线上线下混合式教学可以培养学生基于互联网的自主学习和深度学习能力,充分调动学生学习的积极性,培养学生的创新意识,实现人才培养质量的提高。

3. 智慧职教的 MOOC 平台教学架构

2012 年被称为 MOOC 元年，MOOC 建设自此迅速发展。智慧职教的 MOOC 平台主要针对职业教育优势资源，解决了开放式学习和个性化学习的问题。

珠宝首饰营销 MOOC 也是基于宝玉石资源库的优质资源。其 MOOC 课程建设以珠宝首饰营销工作过程和任务为导向，以技能岗位需求为依据，按照职业成长规律和认知规律，构建知识技能树，再将多种类型的颗粒化资源进行有机结合，并排列搭建课程。

截至 2023 年 5 月 22 日，该 MOOC 已完成了 5 轮教学，选课总人数 474 人，学员所属单位共 75 个，其中首次选课人数为 140 人，学员来自 23 个单位。学员以职业院校的学生为主，还有中学学生、社会学习者和企业人员，部分职业院校的学生还完成了全部课程的学习任务，通过了考试，获得了结业证书。这得益于 MOOC 的开放性和个性化内容的可供选择性。

珠宝首饰营销 MOOC 知识树（部分）

珠宝首饰营销是宝玉石资源库中的在线课程之一，其 MOOC 面向学校、企业、社会开放。教师可以根据自己的喜好和学生的需求，通过充分利用宝玉石资源库的 MOOC 课程，自由调控课程的进度、节奏和评分系统；还可以自由增减课程内容，形成 SPOC，面向在校学生实施翻转课堂教学，是一种结合了课堂教学与在线教学的混合学习模式。截至 2022 年 5 月，珠宝首饰营销 MOOC 已被 26 所学校调用，互动量超过 30 万次，彰显教育信息化作用，

珠宝首饰营销MOOC的统计数据

发挥了宝玉石资源库的"能学、辅教"功能,保证了"停课不停学,学习不延期",为疫情防控作出重要贡献。

课程被调用详情(SPOC)

合计:学习人数(3195人) 互动总量(308 455次) 被调用学校总数(26所)

全部	SPOC课程名	主持教师	学校	学习人数	互动总量
典型工作任务——奢侈品及消费行为分析	奢侈品经营与管理	何志方	海南职业技术学院	216	2656
典型工作任务——奢侈品及消费行为分析	奢侈品品牌文化鉴赏	曹一诺	浙江旅游职业学院	40	4876
典型工作任务——奢侈品及消费行为分析	旅游消费者行为学	叔文博	南京旅游职业学院	91	1268
典型工作任务——奢侈品及消费行为分析	消费者行为学扩招班	刘彭娟	池州职业技术学院	55	183
珠宝首饰营销(专业核心课)	珠宝市场营销	王云仙	兰州资源环境职业技术大学	103	46 453
珠宝首饰营销(专业核心课)	珠宝市场营销	何燕	四川文化产业职业学院	84	859
珠宝首饰营销(专业核心课)	珠宝首饰营销A(典当与营销)	贾桂玲	北京经济管理职业学院	11	1488
珠宝首饰营销(专业核心课)	珠宝首饰营销学	王蜜嫣	郴州技师学院	87	486
珠宝首饰营销(专业核心课)	珠宝销售学徒	姚凯韬	兰州资源环境职业技术大学	112	44568
珠宝首饰营销(专业核心课)	珠宝市场营销	张多姿	深圳技师学院	84	1567

珠宝首饰营销MOOC的调用详情(部分)

4. 立体化教材建设

教学离不开教材。在高质量网络教学资源建设和课程建设的基础上,整合多种教学资源形成依托宝玉石资源库的立体化教材,不仅能最大限度地满足教师教学需要和学生学习需要,还能满足教育市场需求,提高教学质量和学习质量,促进教学改革。

(二)大数据深入宝玉石资源库课程

与单一化的线下课堂教育不同,借助大数据的统计分析,在线教育可以促进规模化教育中个性化教育的实现。随着大数据深入宝玉石资源库课程,教师通过数据分析可以优化和调整今后的教学策略。同时,大数据可以促进差异化的"教"和个性化的"学",从而解决教师因材施教和学生个性化学习的问题。

已出版的《珠宝首饰营销》

"互联网+课程"的混合式教学有利于学习者安排学习时间:对于校内学生,它可以作为课堂教学的补充和知识面的拓宽;对于社会学习者,其非正规学习的时间越来越多,正规学习的时间越来越少,它有助于社会学习者充分利用非正规学习的时间去自主学习。在宝玉石资源库的课程中心,"珠宝首饰营销"的学习不受时间、空间的限制,学习者可以系统地学习,也可以选择性地学习;MOOC则是按学期有时间限制,适合在校学生选修并在开放时间内进行选择性学习,不受空间限制,可被多所学校学生同时选修。珠宝首饰营销MOOC已被北京经济管理职业学院列为学生网络选修课,第五次开课的学员除了北京经济管理职业学院的学生,还有来自其他17个单位的学生、社会学习者等,其学习时间也各不相同。

(三)课程评价

珠宝首饰营销MOOC围绕宝玉石鉴定与加工专业的人才培养目标,将课程思政融入教学全环节,建立"以学习效果为目标"的高效课堂,有机结合线上学生自主学习学时与线下面授学时,实现学生学习过程管理和形成性评价。线上学时占总学时的30%,线下学时主要以任务为导向的学生自主学习和探索学习,并以项目为载体,体现理论与实训融合、岗位与技能融合。学习者满意度高,学习效果好。此外,该课程被调用较多,教师使用反馈较好,为疫情下"珠宝首饰营销"及相关课程的线上线下混合式教学提供了良好的资源供给和课程供给。

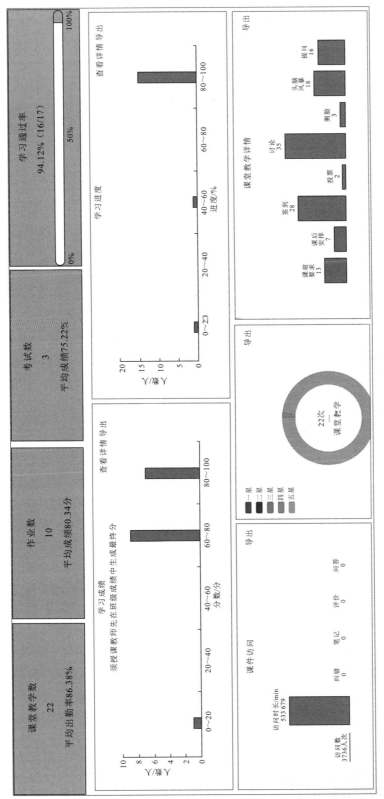

课程学习统计图

远程"观物",在线"鉴宝"

——"宝玉石鉴定综合技术"在线教学实践

江苏省南京工程高等职业学校　宋德朋、陶慧

一、教学背景

随着珠宝行业网购、直播等行业的兴起,消费者越来越适应并依赖于使用微信、抖音等App进行购物、交流,这对珠宝行业从业人员进行远程鉴定和即时互动的职业能力提出了新的要求。同时,全国职业院校技能大赛珠宝玉石鉴定赛项也增加了宝玉石标本的视频展示环节,更加注重珠宝鉴定的时效性。

从面对面的实物鉴定转为以图片与视频为对象的远程鉴定,既是线上教学的现实需要,也顺应了近年来珠宝行业由实体店铺经营转向线上线下混合式经营的大趋势。在现实场景中,珠宝行业从业者通过视频等方式向消费者展示珠宝,而消费者通过上传图片或视频到指定App就可获得专业人员初步的鉴定评估结果。互动式的珠宝远程鉴定顺应了珠宝行业从线下转向线上的趋势,为我校开发在线鉴定实训课程提供了契机。

二、教学构想

"宝玉石鉴定综合技术"是我校宝玉石鉴定与加工专业为培养学生珠宝鉴定职业能力设置的专业核心课程。在网课教学过程中,针对该课程在线教学无法实训的问题,我们结合现实场景在线上创设相同的工作情景,设计并试行了珠宝远程鉴定的课程实施架构。首先,利用宝玉石资源库中已建好的图形图像类素材和视频类素材,选择合适的标本图片或视频导入在线课程,也可根据课程特点选择其他平台的资源进行整合,建立线上实训标本库;然后,依托在线教学平台"云课堂智慧职教"进行在线课程的讲解、讨论、考核等,同时利用即时通讯平台(如QQ)进行在线交流宝玉石鉴定与加工教学和答疑,两个平台协同完成教学任务。

针对线上实训标本,在线鉴定课程理论授课重点讲授基于三感(即眼感、手感、耳感)的肉眼鉴定特征,关注并了解普通消费者的珠宝心理需求。实训主要有两个环节:一是教师通过实训标本实景的展示和典型特征的讲解,反复训练学生的在线识别能力和在线定名能力;二是学生根据自己的体会,向消费者进行实训标本的描述、评价和展示。教师们在教学过程中采用互动式、讨论式的教学法,融教、学、训于一体,使学生在掌握宝玉石远程肉眼鉴定技能的同时,也掌握该类宝玉石的相关理论知识。

三、教学过程

本课程以珠宝远程鉴定课程实施架构为指导,通过线上实训标本库和在线教学平台

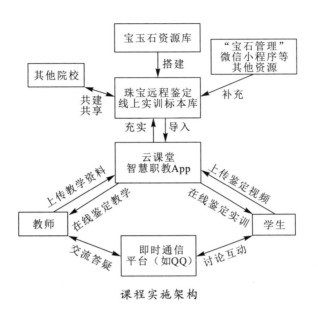

课程实施架构

App，搭建了在线鉴定教学与实训系统。以下以本课程中的"B货翡翠在线鉴定实训"任务为例，展示本课程在线教学的具体实施过程。

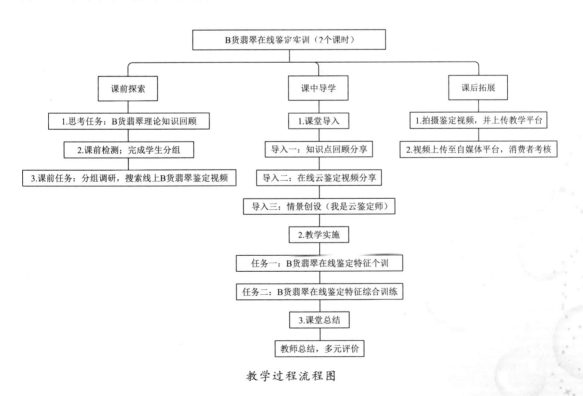

教学过程流程图

(一)课前探索

(1)在课前,学生通过职教云教学平台上的思考任务回顾以往所学的关于B货翡翠加工处理过程及B货翡翠鉴别特征的理论知识。

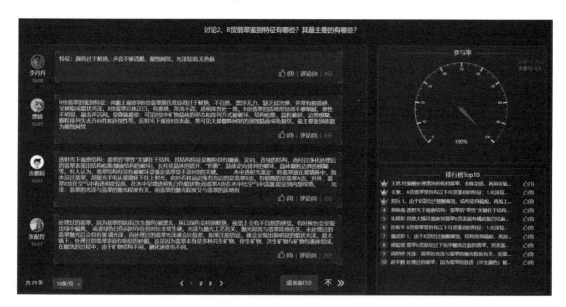

课前探索:思考任务(部分)

(2)教师根据思考任务的反馈信息和测试结果,设计针对性教学方案,并对学生异质分组,同时发布信息化资源和课前任务。

课前探索:课前测验(部分)

(3)教师引导学生搜集相关视频素材,并初步认知B货翡翠在线鉴定方法和完成课前任务,为后续课堂教学做准备。

(二)课中导学

1. 课堂导入

导入一:在课堂上,学生借助B货翡翠知识点进行回顾分享,重温B货翡翠的处理过程(解释每个具体处理步骤所起的作用),整理B货翡翠鉴定特征的理论依据,为后续在线鉴定实训做好理论铺垫。

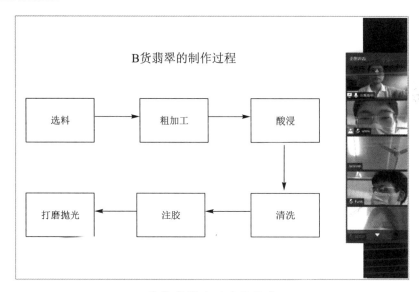

B货翡翠处理过程课堂

导学二:分享课前搜集的B货翡翠视频素材,及时把握行业发展趋势,掌握网络销售对珠宝鉴定的新要求,了解并关注普通消费者的珠宝心理需求。调动学生课程学习积极性,并为课程内容开展做好方向指引。

导学三:基于导学二进行情景创设,假设学生为云珠宝鉴定师,引导学生思考应该从哪几个方面实现B货翡翠的在线鉴定。结束本课程,并将下节课的学习任务进行分解、细化。

2. 教学实施

任务一:B货翡翠在线鉴定特征个训

环节1 酸蚀网纹观察训练

(1)教师借助"宝石管理"微信小程序及宝玉石资源库,展示大量酸蚀网纹照片,学生总结酸蚀网纹特点。

(2)教师为每组学生提供A货翡翠或B货翡翠的图片或视频,引导学生进行线上观察和酸蚀网纹鉴别练习,后请两组学生进行心得分享(通过心得分享,教师发现学生们在学习过程中出现混淆酸蚀网纹、橘皮效应的现象)。

B货翡翠的视频素材

（3）学生进行问题反馈，教师讲解酸蚀网纹和橘皮效应的区别。

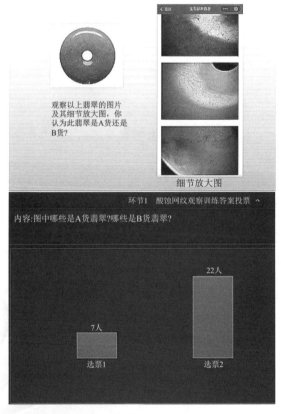

环节1　酸蚀网纹观察训练

环节 2　敲击声判别

(1) 教师视频播放多组 A 货翡翠与 B 货翡翠的敲击声片段。
(2) 学生归纳总结 B 货翡翠敲击声的特点。
(3) 教师对特殊情况进行讲解。

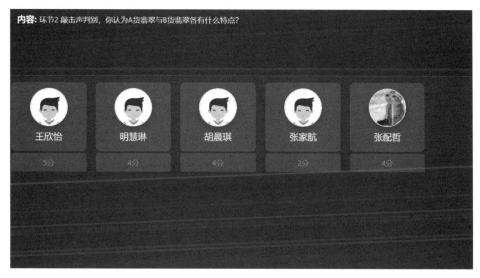

环节 2　敲击声判别

环节 3　紫外荧光观察训练

(1) 教师视频展示 B 货翡翠在紫外荧光手电筒下的荧光反应。
(2) 教师展示大量翡翠在紫外荧光灯下的图片,学生判别哪些是 B 货翡翠。
(3) 教师针对典型的错误认知进行集中展示和讲解。

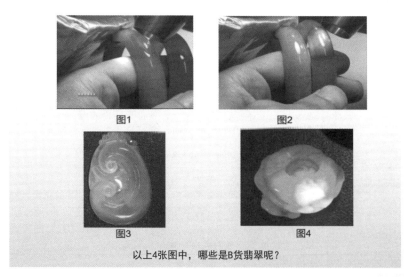

环节 3　紫外荧光观察训练

任务二：B货翡翠在线鉴定特征综合训练

（1）提供图片和视频，学生以小组为单位判断翡翠是B货还是A货，说明判断依据，并对翡翠进行在线描述。

（2）对训练情况进行测试，以小组为单位进行在线翡翠鉴别PK。

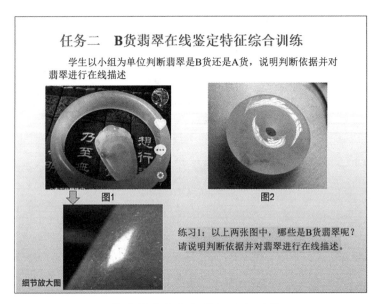

B货翡翠在线鉴定特征综合训练

3. 课堂小结

（1）教师总结本次课程的主要内容。

（2）教师总结本次课程学习任务的完成情况。根据信息化软件生成的各项任务成绩以及师生评价，教师对学生进行综合评分，对总分最高的组加分奖励，对个人得分不及格的学生给予鼓励并提醒课后返回任务学习。

（3）课后及时查看职教云上的学生学习反馈，及时回复学习反馈并进行追踪和关注。

B货翡翠的在线鉴别方法：

1. 酸蚀网纹观察	在反射光下观察A货翡翠表面，常可见橘皮效应。 在反射光下观察B货翡翠表面，常可见到大量蜘蛛网状的溶蚀糙面或龟裂纹。 注意：橘皮效应与酸蚀网纹的区别。
2. 敲击声判别	A货翡翠质地细腻，敲击声清脆。 B货翡翠的质地常显得不够细腻，翠性不明显，敲击声音沉闷。
3. 紫外荧光观察	A货翡翠在紫外线下一般无明显荧光反应。 B货翡翠在紫外线下常有荧光反应，且颜色与注胶材料的性质有关，一般呈弱—强的蓝白—黄绿色荧光。

课堂小结

(三)课后拓展

(1)要求学生对身边亲友的翡翠物件进行实物鉴定,拍摄鉴定过程,并将视频上传至课程 QQ 交流群,供校内外专业教师考核。

(2)引导并鼓励学生将鉴定视频发布至抖音、快手等手机 App,以便接受消费市场的考核和检验。

四、教学反思

珠宝远程鉴定是营销与互动场景中的鉴定,是适应珠宝网络营销时与顾客即时互动时效性要求的简单鉴定。以往,珠宝鉴定课程教学注重使用仪器检测和考取各种行业证书,这造成毕业生离开密度、折射率等指标的检测结果就不敢开口,而非专业出身的从业者由于不受专业知识的束缚,熟知普通大众接触珠宝的心理,在珠宝行业反而掌握更多的市场话语和特有术语,这让不接市场地气的毕业生在就业竞争中更加不具优势。另外,专业检测机构用人需求较低而学历要求较高,这导致职业院校毕业生的鉴定技能无处施展,大量在校期间成绩优异的学生面临就业落差,只能竞争自己毫无优势的工作岗位。在特殊时期的影响下,各行业都有了新常态和新发展,珠宝行业线上化的趋势进一步加快了。为了主动适应行业新常态、化危机为契机,开发基于肉眼鉴定和远程鉴定的课程是非常必要的。

宝石学是和生活联系得非常紧密的学科,远程鉴定实训中要特别注重普通人眼见为实的心理,对宝玉石的用词也要关注消费者心理。在描述宝玉石特征的时候,一定要用生活中大家经常可以见到、有共识的东西进行描述,如云絮状、瓜瓤状。教师在平时的教学中就要有意识地接触市场,引导学生使用大众的、市场的语言,避免一些教科书化的描述。

五、推广价值

珠宝远程鉴定模式适应了整个珠宝行业鉴定与销售线上化的趋势。这种趋势已催生出诸如网络直播、珠宝摄影、在线鉴定等多个新职业。线上鉴定教学的尝试解决了江苏省南京工程高等职业学校在疫情期间珠宝鉴定在线教学无法实训的问题,突破了"仿真""模拟"的局限性,做到与企业工作岗位无缝对接,在一定程度上解决了人才培养滞后于行业发展的问题,并在一定程度上缓解了企业用工难和学生就业难的"双难"局面。另外,珠宝教育也是一个投入占比较高的行业。一般职业院校尤其是偏远地区的学校还面临仪器和标本不全的困境,这制约了专业的发展和人才培养质量的提升。本案例利用宝玉石资源库等线上资源,通过在线教学平台搭建起珠宝在线鉴定教学与实训系统,对兄弟珠宝院校专业建设和学科建设也具有借鉴意义。

职业教育宝玉石鉴定与加工专业
教学资源库建设与应用研究

建设成果优秀典型案例之"宝玉石矿物肉眼及偏光显微镜鉴定"

云南国土资源职业学院　李继红

宝玉石资源库中的"宝玉石矿物肉眼及偏光显微镜鉴定"是专业基础课程,主要学习内容是通过肉眼借助常用仪器鉴定并描述常见的宝石矿物、造岩矿物和造矿矿物的物理性质等。其教学设计与实施基于实际工作过程,得到了合作企业专家的认可。通过实践教学检验,教师的教学水平得到了有效提升。

一、学生的学习兴趣和学习效率显著提高

本课程由校企同建,融入企业实际工作任务,支持校企双主体育人。课程教学设计与实施基于实际工作过程,得到了合作企业专家的认可。本专业与行业内多家企业合作,采用"现代学徒制""顶岗实习"等模式,让学生真正进入实战,将理论知识与实战进行良好融合。校企合作,共同培育行业需求的技能型人才。课程将建设课程网站,形成以网站为载体的教学资源库,并借助仿真模拟矿物软件全方位地观察矿物,帮助学生理解抽象的概念。此外,师生可以通过网络课程的实时交流、在线答疑、班级邮箱等栏目进行交流互动,以及时解决问题,并能够及时更新知识、开阔视野。网络教学的运用使传统教学在时间上与空间上突破了局限性,能够让学生更及时、更全面、更主动地去学习。线上+线下、实训任务单互评、矿物鉴定身份卡、分组矿物标本肉眼鉴定等教学组织形式的实施,有效激发了学生学习的兴趣和主动性。云课堂(智慧职教平台)拓展了学习空间,突破了传统课堂的局限性,极大地提高了学生的学习效率。

在疫情期间,学院积极响应教育部"停课不停学、停课不停教"的号召,在学院的统一安排下,宝石专业全体教师提前参加线上宝玉石资源库的使用培训,熟悉宝玉石资源库的软件操作,制定应急预案,提前演练线上教学,及时交流、反馈教学心得。封控缓解以后,教师们继续使用宝玉石资源库,开展线上线下混合式教学,提高教学效率。"宝玉石矿物肉眼及偏光显微镜鉴定"被8所学校调用,学习人数为936人,课程学员分布在北京、上海、广东、台湾等27个省市,互动总量为128 268条,用户总量为1101人,其中企业人员用户包括来自好利来事业管理有限公司、深圳飞博尔珠宝科技有限公司、深圳市缘与美实业有限公司、山东钢铁集团有限公司等的员工。作为本课程的配套教材,《宝玉石矿物肉眼与偏光显微镜鉴定》(上、下)已入选教育部"十四五"职业教育国家规划教材,被全国多家建设院校采用。

二、教学目标达成度明显提升

4个维度的教学目标层次分明,逐层递进。交换互评、分组鉴定评分有效促进了素质目

标和思政目标的实现,学生鉴定评价和课后思维导图评分显示知识目标、能力目标、素质目标和思政目标达成。

鉴定操作强调了"崇实笃行"的工作信念。在智慧职教的云端课堂教学,专业课与思政理论课有效融入思政元素,同向同行,达到立德树人的效果。课堂引入了以"孔子玉德观"为根基的中国宝玉石文化,以山川之骨、山川之躯、山川之精、山川之华为模块,让学生感受大自然的造物之美,敬畏自然,体悟"玉德",并力求将这种敬畏与审慎品鉴的精神融入职业素养。"宝玉石矿物肉眼及偏光显微镜鉴定"的授课中还融入了集体主义、个人成才观和抗挫折教育,如果我们能够像金刚石矿物结构中的碳原子那样紧密联系在一起,发扬集体主义精神,就能形成强大的合力,化腐朽为神奇,成为坚强的战斗堡垒。

本课程以学生为中心,以真实工作任务为载体,融入视频、动画、虚拟仿真等类型的数字化教学资源:①充分调动学生的积极性和主动性,教学效果显著;②突破传统的课程在时间上与空间上的局限性,能够让学生更及时、更全面、更主动地去学习;③有效激发了学生学习的兴趣和主动性,借助仿真模拟矿物软件,能够透视、全方位观察矿物,帮助学生理解抽象概念,极大提高了学习效率;④充分利用丰富的视频类、教学课件、图形图像类和试题库等宝玉石资源库资源,根据学生的实际情况灵活设计教学方案,配合线上线下混合式教学,形成完整的课程教学体系,为学生提供良好的智能教学模式。对比与分析 2018 年、2019 年、2020 年、2021 年的期末成绩发现,本课程的过级率、优秀率逐年提高。

三、企业和社会评价认可度高

在课程建设过程中,教师注重教学的专业性和规范性,引入全国职业院校技能竞赛宝玉石鉴定赛项评分标准,结合学校合作检测站的指导与实训,培养学生的规范意识和专业素养。本院系多次承办和参与国家级钻石分级大赛、国家级和省级宝玉石鉴定赛项,专业学生也在各项比赛中屡获大奖。在赛事承办和学生备赛的过程中,教师和学生都强化了质量过硬的专业性技能,取得了以赛促教的良好效果。

本专业教师与行业内多家企业合作,采用"现代学徒制""顶岗实习"等模式,让学生真正进入实战,将理论知识与实战经验进行良好融合,从而达到校企合作共同培育行业需要的技能型人才的目标。

2020 年 8—9 月,课程负责人李继红应中国珠宝玉石首饰行业协会(以下简称"中宝协")的邀请,对参加"1+X"珠宝玉石鉴定职业技能等级证书的学员们进行培训,培训主题为"课证融通"模式下宝玉石专业的教学方法。在授课过程中,李继红对宝玉石资源库中的本课程进行了介绍和推广。

合作企业反馈,学生在顶岗实习中展现出清晰的鉴定思路和良好的职业素养。本专业学生在云南省职业院校技能竞赛宝玉石鉴定赛项及全国职业院校技能竞赛宝玉石鉴定赛项中屡获大奖,表现出较强的专业能力,教师在教学、技能大赛等方面取得了很多省级和院级荣誉。

通过建设宝玉石资源库课程,教师的专业能力、教学能力得到提高,学生的专业技能得到提高。

项目组成员教师获奖情况

姓名	时间	表彰奖励名称	批准机关	奖励等级	排名	承担任务
陈雨帆	2023年9月	指导学生参加2022年全国职业院校技能大赛高职组珠宝玉石鉴定赛项二等奖	全国职业院校技能大赛组织委员会	国家级	第二	指导教师
孟燮	2023年9月	指导学生参加2023年全国职业院校技能大赛高职组珠宝玉石鉴定赛项二等奖	全国职业院校技能大赛组织委员会	国家级	第一	指导教师
李继红	2023年8月	2023年云南省职业院校技能大赛教学能力比赛一等奖	云南省教育厅	省级	第二	参赛选手
李继红	2023年4月	指导学生参加2022年云南省职业院校技能大赛高职组珠宝玉石鉴定赛项,获一等奖	云南省教育厅	省级	第一	指导教师
李继红	2020年5月	第三届全国大学青年教师地质课程教学比赛二等奖	中国地质学会	国家级	第二	参赛选手
李继红	2020年10月	2020年云南省职业院校技能大赛教学能力比赛一等奖	云南省教育厅	省级	第一	参赛选手
李继红	2019年12月	"广艺-百爵杯全国钻石分级大赛一等奖"教师奖	中国珠宝玉石首饰行业协会	国家级	第二	指导教师
李继红	2019年4月	指导学生参加云南省职业院校技能大赛,获二等奖	云南省教育厅	省级	第二	指导教师
陈雨帆	2022年5月	指导学生参加2022年全国职业院校技能大赛高职组珠宝玉石鉴定赛项,获二等奖	全国职业院校技能大赛组织委员会	国家级	第一	指导教师
孟燮	2022年5月	指导学生参加2022年全国职业院校技能大赛高职组珠宝玉石鉴定赛项,获二等奖	全国职业院校技能大赛组织委员会	国家级	第二	指导教师
陈雨帆	2019年4月	指导学生参加云南省职业院校技能大赛,获一等奖	云南省教育厅	省级	第一	指导教师
陈雨帆	2019年12月	指导学生参加"广艺-百爵杯全国钻石分级大赛",获一等奖	中国珠宝玉石首饰行业协会	国家级	第一	指导教师

续表

姓名	时间	表彰奖励名称	批准机关	奖励等级	排名	承担任务
陈雨帆	2020年1月	指导学生参加云南省职业院校技能大赛,获二等奖	云南省教育厅	省级	第二	指导教师
孟夔	2020年1月	指导学生参加云南省职业院校技能大赛,获二等奖	云南省教育厅	省级	第一	指导教师
陈雨帆	2019年12月	指导学生参加云南省广义杯钻石分级技能大赛,获团体三等奖	云南省教育厅	省级	第二	指导教师
刘婉	2019年4月	指导2017级学生参加云南省职业院校技能大赛,获一等奖	云南省教育厅	省级	第二	指导教师

学生获得国家级、省级表彰奖励情况

姓名	时间	表彰奖励名称	批准机关
王宗源、范泽云、乔振豪	2023年10月	2023年全国职业院校技能大赛高职组珠宝玉石鉴定赛项	全国职业院校技能大赛组织委员会
焦荟琳、张智伟、余思雨	2022年6月	2023年全国职业院校技能大赛高职组珠宝玉石鉴定赛项	全国职业院校技能大赛组织委员会
张杰、张政、蔡发存	2021年6月	2021年全国职业院校技能大赛高职组珠宝玉石鉴定赛项	全国职业院校技能大赛组织委员会
普文峙	2019年11月	广艺—百爵杯全国钻石分级大赛一等奖	中国珠宝玉石首饰行业协会
蒋冰洁	2019年11月	广艺—百爵杯全国钻石分级大赛三等奖	中国珠宝玉石首饰行业协会
缪锦娟	2019年11月	广艺—百爵杯全国钻石分级大赛三等奖	中国珠宝玉石首饰行业协会
徐丹妮	2018年10月	广艺—百爵杯全国钻石分级大赛三等奖	中国珠宝玉石首饰行业协会
缪锦娟	2019年4月	云南省高职组宝玉石鉴定竞赛二等奖	云南省教育厅
许泽南	2019年4月	云南省高职组宝玉石鉴定竞赛二等奖	云南省教育厅
尹南	2019年4月	云南省高职组宝玉石鉴定竞赛二等奖	云南省教育厅

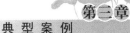

荣誉证书、奖杯及比赛现场合影

四、课证融通，提高学生"1+X"证书的通过率

"1+X"证书制度是职业院校发展面临的重要发展机遇。将"1+X"证书制度融入高职宝石类专业课程体系可以探索优化课程设置和教学内容的路径，实现专业人才培养与企业需求深度融合，加快培养复合型技术技能人才。2019年，主要由中宝评（北京）教育科技有限公司、中宝协制定的《珠宝玉石鉴定职业技能等级标准》启动。在"1+X"证书制度背景下，在宝玉石资源库课程"宝玉石矿物肉眼及偏光显微镜鉴定"中积极融入"1+X"证书的内容，既能反映高等教育的知识内涵，又能体现职业教育的能力素养要求。本门课程设计了11个模块，为适应新时代对宝玉石鉴定与加工人员提出的新要求，力求解决学生职业取向

模糊的问题,以及培养学生利用结晶学、矿物学等专业知识进行宝石矿物肉眼鉴定与加工的工作意识。宝玉石资源库中的"宝玉石矿物肉眼及偏光显微镜鉴定"有机融入了"1+X"证书的内容,提高了学生的证书通过率。

"首饰配饰艺术"课程资源在教学中的应用

青岛经济职业学校　孙赟杰、李慧娟、王的琛

一、课程简介

"首饰配饰艺术"是适用于宝玉石鉴定与加工专业、珠宝玉石加工与营销专业的一门专业拓展实践类课程。本课程针对首饰广义概念范围进行学习和探究,结合中国传统文化和各种当代艺术风格,介绍了配饰概念、配饰主要类型、服饰搭配原理和首饰配饰制作方法,融合了美学艺术与当代首饰配饰创作的新元素。课程通过实用性较强的案例和操作指导,带领学习者充分感受首饰配饰的艺术魅力。课程建设有大量原创视频、动画资源,按照"一体化设计、结构化课程、颗粒化资源"的逻辑,强化应用功能和共享机制设计。课程可满足职业院校学生、企业人员、社会学习者等用户的使用需求。通过本课程的学习,学生能够熟知现代珠宝首饰艺术市场上常见首饰配饰的主要类型,能够根据不同搭配原则对配饰和服装进行搭配,掌握一些配饰与服装方面的艺术理论,并通过不同形式的配饰制作案例,使学生掌握中国结常见基本结编织方法、串珠技法、其他材料配饰的制作步骤,并运用这些配饰进行穿搭,展示艺术魅力。这样的练习可以提高学生的审美能力,培养学生细致入微的工匠精神,为学习首饰设计、相关艺术专业技能课程和时尚艺术搭配等课程打下坚实基础。

青岛经济职业学校在建设山东省优质特色校和山东省品牌专业(珠宝专业)的过程中,不断创新人才培养模式,服务山东省职教高地建设,不断开发职业教育珠宝类相关课程,改革教学内容、教学手段和教学方法,积累了大量包括视频类、动画类、教学课件在内的教材素材、课程标准、课程设计等优质职业教育教学资源,为此课程建设提供了清晰的思路与方向,储备了丰富的资源,奠定了扎实的课程资源建设基础。

本课程将教学内容整合为10个单元,教学内容根据企业实际工作项目转化而来,共计48个学时:首饰配饰的意义、首饰配饰的主要类型、绳艺首饰概述及制作、绳艺首饰鉴赏、串珠首饰概述及制作、串珠首饰鉴赏、其他首饰艺术、服饰搭配概述、服饰搭配与款式要素、服饰搭配艺术。

二、课程资源形式

宝玉石资源库中提供了动画类、虚拟仿真类、视频类、微课类、图形图像类、教学课件、题

库、课程设计、学习指南、课程标准等丰富的"立体化、实战化、技能化和应用化"资源。本课程共制作颗粒化资源817个[其中文本类7个,教学课件351个,视频类414个(总时长2966min),动画类3个,虚拟仿真类2个,多媒体素材17个,图形图像类13个,最新上传未审核资源10个],微课类46个,习题类400个,典型工作任务4个,基本能满足相关专业技术技能型人才培养、企业培训、社会学习者和单位招生培训等多样化学习的需要。

三、课程资源应用

(一)应用基本情况

该课程选课总人数1314人,其中:学生916人,教师168人,社会学习者27人,企业人员203人,总共被9所职业院校调用(除了我校外,还有安徽工业经济职业学院、浙江特殊教育职业学院、海南职业技术学院、广东省农工商职业技术学校、兰州资源环境职业技术学院、广西城市职业大学、江苏省南京工程高等职业学校、北京经济管理职业学院)。调用院校反馈,该课程线上教学运转有序,内容充实,结构清晰,非常适合中高职业院校学生、企业人员以及社会学习者使用,师生参与积极性高,教学效果好,惠及了相关专业师生、企业人员及社会学习者。

这种大规模和开放式资源课程的建设,转变了学习者的学习方式,推动了课程教学模式和考核评价方式的改革,使得个性化和终身学习成为可能,加快实现了中高职教育公平化、普及化。

全部	SPOC课程名	主持教师	学校	学习人数	互动总量
首饰配饰艺术(专业拓展课)	创意手工饰品制作	李丽侠	安徽工业经济职业技术学院	39	4837
首饰配饰艺术(专业拓展课)	首饰设计	张舟	浙江特殊教育职业学院	18	449
首饰配饰艺术(专业拓展课)	首饰配饰艺术	王丽娟	海南职业技术学院	32	526
首饰配饰艺术(专业拓展课)	服饰搭配	王小金	广东省农工商职业技术学校	148	25 092
首饰配饰艺术(专业拓展课)	首饰制作工艺3	王艳娟	兰州资源环境职业技术学院	137	26 946
首饰配饰艺术(专业拓展课)	首饰配饰艺术	孙赟杰	青岛经济职业学校	145	28 189
首饰配饰艺术(专业拓展课)	服饰设计	甘晓燕	广西城市职业大学	11	3254
首饰配饰艺术(专业拓展课)	服装配饰设计	包涵	江苏省南京工程高等职业学校	29	1176
首饰配饰艺术(专业拓展课)	服装配饰设计	马婧	江苏省南京工程高等职业学校	30	4518
首饰配饰艺术(专业拓展课)	首饰配饰艺术	刘怡博	北京经济管理职业学院	112	4373

本课程被调用情况统计

本课程依托智慧职教云课堂平台,在学生考核方式上进行了较大的改革。除了传统理论考试外,智慧职教云课堂App可以将学生的平时成绩细化到每堂课当中,通过课堂中现场鉴定评比、小组PK、测验、提问等形式将学生的课堂表现以分数的形式记录,期末自动形

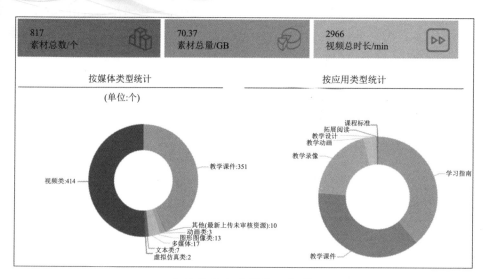

本课程所含素材情况概览

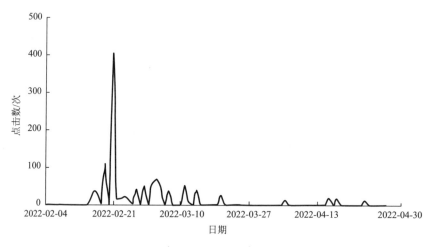

本课程的日志情况

成累加测评的平时成绩(其中课前课件学习、课堂活动、课后作业各项的比例,授课教师可以根据班级具体情况进行设置)进行学分认定。

课程最终考核更注重教学过程中的课程考核与评价,适当调整平时与期末考试在总成绩中的比重,平时成绩约占70%,期末成绩约占30%。期末试卷由主讲教师上传题目,授课教师设置难度、题目数量、题目类型、所占分值,然后系统随机抽取试卷进行考试。

课程考核可采用"线上线下混合式作业"实施考核。线上采用各种应用软件,以体验性、交互性和拓展性的创新作业为主,线下以基本理论知识、实操训练等基础作业为主,从而打

每日活跃学生数（包含引用课程数据）

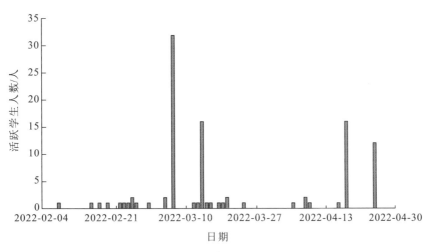

每日活跃学生数统计

破了高职传统作业的时空限制，实现资源的交互与共享，及时反馈学生课前、课中、课后的作业情况，实现教师、学生及资源的多向交流，有利于教师更好地分层次教学。

课程考核内容设计上采用理论教学与实践教学相结合的原则，通过设计内容重点考核学生的道德素质和情感素养以及创新思维、创新能力。

（二）加强现代职业教育美育观念

在"服饰搭配"的相关章节中，本课程分别从不同的角度渗透美育观念。结合当代首饰审美和不同的艺术风格，从首饰发展的角度综合不同的元素进行美学渗透。随着生产和科技的发展，审美价值与实用价值的结合越来越紧密，许多新的专业美育学科不断涌现。例如，在配饰的色彩学、艺术构成方式、款式风格搭配，人物脸型与首饰的搭配，以及配饰的产生和社会环境等方面都加入了美学的理论。数据显示，在投入使用期间，很多交叉学科的学生也选择了"首饰配饰艺术"这门课程进行拓展和辅修，比如服装设计专业、艺术设计专业等专业的学生。课程中的一些设计为学生们提供了相当多的知识点和拓展内容，能整体提升学习者的综合审美能力，这顺应了职业教育美育发展的观念。

（三）课程对于设计爱好的启发

通过本课程的学习，使用者建立了理论学习、技能提升、素养内涵的综合学习感受。例如，通过课程中关于首饰配饰风格的介绍，学习者可以学习到相关艺术风格的理论特点，然后通过直观观察图片，再借助视频和虚拟仿真搭配模块，最后落实到虚拟应用环节。这样可以使学习者建立一个螺旋上升的学习体验，理论与实践相结合，借助课程的数字化平台体系，不断加深感悟，达到活学实用的效果。

在具体实施环节,学生通过自己做的方案可以更加有针对性地进行首饰配饰的搭配,直接选择经过仿真模拟后的搭配方案,有效地提高了搭配效率,最后以搭配实操案例的形式体现,这也进一步丰富了宝玉石资源库的内容。

经过这样的感悟式学习,可以很好地加深学生对配饰搭配的认知,为广大设计爱好者提供虚拟空间以校验首饰搭配效果,可以较好、较快地排除不佳方案,提高整体的视觉感受。

(四)疫情期间服务线上教学

在青岛经济职业学校学生线上学习期间,珠宝教研室教师充分利用宝玉石资源库进行线上教学,在网络开设首饰配饰艺术、珠宝鉴定、珠宝首饰制作、首饰设计等珠宝相关课程,运用丰富的课程教学资源辅助教学,让学生在家也能通过智慧职教云课堂 App 学习课程相关教学资源,利用视频类、动画类、教学课件等资源和线上答疑、辅导及现场视频教学的方式,让学生在家抗击疫情的同时学习进度不受影响,并在全面开课前组织线上期中考试,取得了良好的教学效果,受到了学生们的欢迎以及家长们和社会学习者的肯定。

青岛经济职业学校在正常线下教学的同时,利用智慧职教云课堂平台为学生提供线上学习辅助,开设首饰配饰艺术、宝石学基础、贵金属首饰检验、宝石鉴定、首饰绳艺、首饰电脑设计、首饰制作工艺等十多门网络课程,利用宝玉石资源库丰富的资源为学生进行教学辅助,采取线上自主式、探究式学习,利用线上进行知识检测,极大地提高了学生们的学习效率。这种方式深受学生欢迎,教学效果反馈良好。

(五)服务社团教学

学校设有指尖艺术吧学生社团。在每周的社团活动中,社团辅导教师孙赟杰、李慧娟、王的琛利用宝玉石资源库开展学生社团首饰绳艺、服饰搭配的知识传授和技能辅导活动,让学生在线上进行同步学习。学生在课余时间和节假日都能非常便捷地学习技能和接受辅导。这为社团成员的知识技能学习掌握提供了很大的便利,同时进一步提升了学生的学习兴趣,让学生更好地掌握技艺技能,受到社团成员的一致欢迎和好评。

社团成员学习编绳

(六)现代学徒与创新创业教育

学校与企业在珠宝现代学徒制培养中加入首饰绳艺模块,利用"首饰配饰艺术"的课程资源为学生学徒提供服务,让学生更好地学习并掌握绳艺技能。同时,学校在新建的珠宝创新创业孵化基地中加入首饰绳艺项目,作为重要的创新创业技能,充分运用首饰配饰艺术课程资源,辅助学生学习与掌握,更好地服务学生职业发展。

学生们在珠宝创新创业孵化基地实践

(七)服务职业体验与社会服务活动

学校也多次在学校微信公众号进行宝玉石资源库和首饰配饰艺术课程资源建设的宣传,在青岛地区进行了宝玉石资源库课程的普及,并在学校社会服务活动和职业体验中向大众推荐宝玉石资源库,让社会大众参与到课程的免费学习中来,真正让该资源库为社会大众服务。

宝玉石资源库的推广和社会服务

(八)学生作品亮相国际珠宝展和全国职教周开幕式

学校携学生作品多次亮相中国国际珠宝展和职业教育活动周开幕式。在中国国际珠宝展上,学生绳艺作品受到中宝协会长叶志斌、前会长徐德明等领导的一致好评。在2021年5月的开幕式上,我校学生的参展作品和现场技能展示得到时任山东省委副书记李干杰(现任中央政治局委员、中央委员会委员、中央书记处书记、中央组织部部长),教育部党组成员、副部长孙尧,中国职业技术教育学会会长鲁昕和山东省教育厅厅长邓云锋(现任山东省副省长、山东省政府党组成员)等领导的高度评价。

学生作品亮相国际珠宝展和全国职教周开幕式

四、课程资源建设思考

短短两年的时间,本课程经历了资源建设、应用与验收等流程,但是离国家级精品在线课程的要求尚有一段距离。因此,团队成员在日后的课程使用与课程教学中进行如下规划。

(1)在教学实践中不断总结和探索,向全国使用本课程资源的学校和学习者征求意见和建议,每年不间断地对课程资源进行整合与更新,淘汰过时的和质量较差的资源,加入最新的行业要求和技术技能,并逐步更新精品资源,满足全国珠宝专业学生和社会学习者的学习需求。

(2)在学校即将落成的珠宝创新创业孵化基地和学校宝玉石博物馆的中小学生、社会人士职业体验中设置宝玉石资源库学习模块,进行宝玉石资源库宣传,开展网上宝玉石博物馆体验等相关活动,以进一步向社会大众推广宝玉石资源库。

(3)在宝玉石资源库的不断建设中,整合资源,使本课程尽快在MOOC平台上线,理顺教学资源,出版"首饰配饰艺术"的配套数字化教材,参加省市级乃至国家级网络共享课程和精品在线课程建设评比,争取获得良好的成绩,让"首饰配饰艺术"的课程资源更好地为大家服务。

"珠宝营销认知"课程资源在教学中的应用

辽宁机电职业技术学院　于淼

一、课程简介

"珠宝营销认知"是宝玉石鉴定与加工专业的一门专业必修课程。它是在学生系统学习了珠宝职场礼仪实训、有色宝石鉴定、钻石鉴定与分级等课程且具备了相关理论知识的基础上开设的一门集理论与实训于一体的课程。其功能是对接专业人才培养目标,面向珠宝营销工作岗位,培养学生的岗位实战能力,为后续网络创业理论与实践、首饰价值评估等课程的学习奠定基础。该课程以校内专业认知和校外生产实践为学习载体,以学习者为主体,体现了"教、学、做"一体化的教学模式。课程改革始终对接宝玉石鉴定与加工专业人才培养目标,面向宝玉石检验员、珠宝首饰导购员、工厂技术员等工作岗位来不断改进课程内容。本课程是一门具有一流教学内容、一流教学方法、一流教学管理、综合性较强等特点的实训课程。通过这样的实训练习,学生能提高审美能力、宝石鉴赏能力,为学习首饰设计、相关艺术专业技能课程或者时尚艺术搭配课程打下坚实基础,为毕业后走上工作岗位积累实用的经验。

课程同时兼顾在校学生和社会学习者,以最新行业标准和企业实际案例进行设计,采用面向社会开放性的标准进行建设,对其他教师和企业人员以及社会学习者具有一定的指导意义和借鉴意义。

辽宁机电职业技术学院在学校建设辽宁省双高院校和珠宝专业建设辽宁省品牌专业的过程中,不断创新人才培养模式,服务辽宁职业教育高地建设,不断开发职业教育珠宝类相关课程,改革教学内容、教学手段和教学方法,积累了大量包括视频类、动画类、教学课件在内的教材素材、课程标准、课程设计等优质职业教育教学资源,为在宝玉石资源库中建设此课程提供了清晰的思路与方向,储备了丰富的资源,奠定了扎实的课程资源建设基础。

本课程将教学内容整合为4个单元,共计48个学时:认识各类珠宝产品、了解国内珠宝企业、掌握珠宝销售流程、课外拓展。课程教学内容由企业实际工作项目转化而来,结合学校现有的实习实训条件,将课程内容确定为运用原理知识,并能够综合技能实际操作、珠宝玉石鉴别的综合能力。

二、课程资源形式

宝玉石资源库提供了动画类、虚拟仿真类、视频类、微课类、图形图像类、教学课件、试题库、课程设计、学习指南、课程标准等丰富的"立体化、实战化、技能化和应用化"资源,能满足宝玉石鉴定与加工、珠宝玉石加工与营销、首饰设计等相关专业的技术技能型人才培养、企业培训、社会学习者自学和单招生培训等方面的多样化学习需要。本课程共制作颗粒化资源 793 个[包括文本类 25 个,教学课件 361 个,视频类 333 个(总时长 1179min),动画类 8 个,图形图像类 63 个,虚拟仿真类 3 个],微课类 41 个,典型工作任务 4 个,习题类 413 个。

三、课程资源应用

(一)应用基本情况

该课程选课总人数 364 人,互动总量 101 871 次,主要被 3 所学校调用(除了我校外,还有上海信息技术学校、云南旅游职业学院)。使用院校反馈该课程线上教学运转有序,内容充实,结构清晰,非常适合中高职业院校学生、企业人员以及社会学习者使用,师生参与积极性高,教学效果好,惠及了其他中高职院校珠宝及相关专业的师生及社会学习者。

这种大规模、开放式资源课程的建设加强了专业教学团队成员之间的分工与协作,转变了学习者的学习方式,推动了课程教学模式和考核评价方式的改革,使得个性化和终身学习成为可能,加快实现了高职教育的公平化、普及化。

课程被调用详情					
合计:学习人数(364人) 互动总量(101 871次) 被调用学校总数(3所)					
全部	SPOC课程名	主持教师	学校	学习人数/人	互动总量/次
珠宝营销认知(专业基础课)	珠宝销售技术(2)	夏旭秀	上海信息技术学校	104	4842
珠宝营销认知(专业基础课)	珠宝市场营销与企业管理(下)	王晓慧	云南旅游职业学院	29	11 782
珠宝营销认知(专业基础课)	珠宝首饰文化	于淼	辽宁机电职业技术学院	231	85 247

课程被调用情况统计

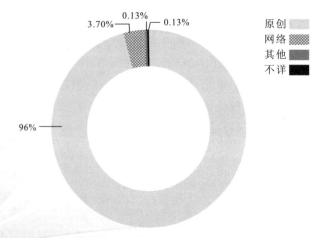

素材来源统计

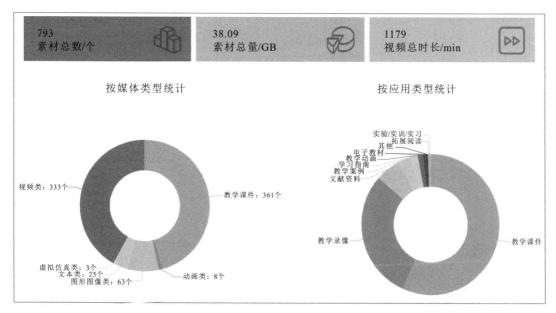

本课程所含素材情况概览

▍日志分布（包含引用课程数据）

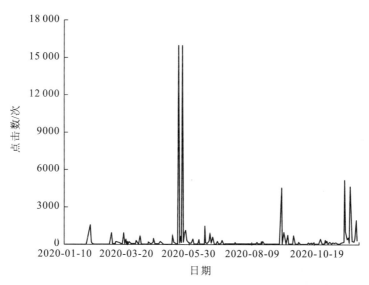

2020 年 1—10 月本课程的日志图

本课程依托智慧职教云课堂平台，对学生的考核方式进行了较大的改革。除了传统的理论考试外，利用智慧职教云课堂 App，通过课堂中的现场鉴定评比、小组 PK、测验、提问等形式将学生每堂课的表现以分数形式进行记录，并在期末自动累加平时成绩（课前课件学

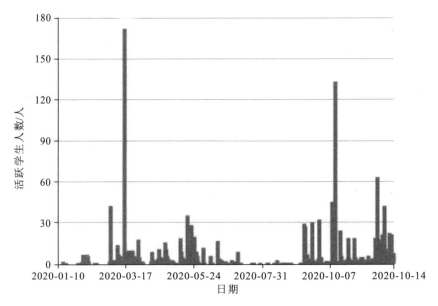

每日活跃学生数统计

习、课堂活动、课后作业的比例由授课教师根据班级具体情况进行设置)进行学分认定。

课程最终考核更注重教学过程中的课程考核与评价,适当调整平时表现与期末考试成绩在总成绩中的比重(平时成绩约占70%,期末成绩约占30%)。

课程考核可采用"线上线下混合式作业"的形式。线上采用各种应用软件,以体验性、交互性和拓展性的创新作业为主,线下以基本理论知识、实操训练等基础作业为主。这打破了传统作业的时空限制,实现资源的交互与共享,及时反馈学生课前、课中、课后的作业情况,实现教师、学生及资源的多向交流,有利于教师更好地分层次教学。

课程考核内容在设计上采用理论教学与实践教学相结合的原则,重点考核学生的道德素质和情感素养以及创新思维、创新能力。

(二)特殊时期服务线上教学

在线上学习期间,辽宁机电职业技术学院珠宝教研室教师充分利用宝玉石资源库进行线上教学,在网络开设有色宝石鉴定、钻石鉴定与分级、首饰制作工艺、珠宝首饰营销等珠宝相关课程,教师利用视频类、动画类、教学课件等资源及线上答疑、线上辅导和现场视频教学的方式,让学生在家也能通过智慧职教云课堂App也能学习课程相关教学资源,不影响教学进度,并在全面开课前组织线上期中考试,取得了良好的教学效果,受到了学生们的欢迎,受到了家长们和社会人士的好评。

(三)社会服务活动

辽宁机电职业技术学院联合六道口街道党员、滨江社区等活动服务站开展职业技能为民服务活动,帮助和服务社区居民,让社区居民感受现代职业教育的特色与魅力,扩大了职业教育的影响力。同时,让学生展示技艺绝活,有助于增强其职业教育创新意识。让社会大众参与到课程的免费学习中来,在学校社会服务活动和职业体验中也向大众推荐宝玉石资源库,真正让该资源库为社会大众服务。

社会服务活动和学生职业体验活动

(四)现代学徒与创新创业教育

学校与企业在珠宝现代学徒制培养中加入首饰绳艺模块,利用"珠宝营销认知"的课程资源对学生(学徒)进行服务,让他们能更好地学习与运用营销知识。同时,学校在新建的珠宝创新创业孵化基地加入珠宝网络直播等项目。作为重要的创新创业渠道,此项目充分运用"珠宝营销认知"的课程资源,辅助学生学习与掌握知识,更好地服务学生职业发展。

利用宝玉石资源库学习首饰绳艺

(五)学生作品的慈善拍卖

学校将学生作品进行拍卖,所得善款皆用于资助贫困老人。该项活动充分地体现了珠宝学院同学们的奉献精神。珠宝专业群学生设计制作出的新颖的作品和特价拍品受到了师生的普遍欢迎。

情暖珠宝慈善首饰拍卖会

四、课程资源建设思考

(一)课程现状 SWOT 分析(优势、劣势、机会、威胁)

1. S 优势

"珠宝营销认知"是宝玉石鉴定与加工专业方向的核心课程之一。它是在学习"有色宝石鉴定""钻石鉴定与分级"等课程之后,在具备了相应专业学习能力的基础上,开设的一门理论与实训一体化课程,其功能是对接专业人才培养目标,面向珠宝鉴定、加工、营销等工作岗位,培养交际表达的相关知识理论和经验技能,为毕业后走向工作岗位积累有用的经验。

2. W 劣势

课程教学团队整体比较年轻,教师实践能力和教学能力有待提升。课程没有成熟完善的珠宝配套市场,不具有区位优势,使课程实践受到限制。宝玉石鉴定与加工专业不是学校重点建设的专业,缺少专业建设专项资金。此外,从实践来看,学生的学习能动性亟待提高。

3. O 机会

交际表达训练在宝玉石鉴定与加工专业中起着不可替代的作用。随着珠宝行业的快速发展,对接专业人才培养目标的要求越来越凸显。面向宝玉石检验员、珠宝首饰导购员、工厂技术员等工作岗位,要加强学生对宝玉石开采、加工制作到宝石的鉴定和销售的了解并培养兴趣,以适应岗位需求。

4. T 威胁

珠宝行业发展过快,课程内容的更新也需要跟上行业的发展步伐。

(二)建设举措

1. 深入珠宝企业,开展调研工作

以学习成果为导向,以岗位能力为核心,面对典型工作岗位,深入企业,与企业深入交流合作,了解岗位能力和操作流程,使课程与企业应用紧密结合,挖掘更多能与学生岗位能力对接的珠宝企业。

2. 在线平台课程教学实施(包括教学任务发布、作业、答疑、测试和考核等)

利用建设好的平台和教学资源,有序地开展线上课程教学,从消息发送、课程上传、作业布置、问题解答等多个方面进行平台教学实施,并根据开展情况及时进行教学任务调整。

3. 在线平台课程考核评价系统的建设

在线平台课程考核评价系统会根据不同的授课群体特点和授课方式,制订适合的考核方案和评价体系,以完成对不同群体的个性化考核。

在建设中成长,在应用中创新

——上海信息技术学校珠宝专业教学资源库建设和应用体会

上海信息技术学校　夏旭秀

非常幸运,2018 年 9 月—2020 年 9 月,我校珠宝教研组能参与智慧职教国家级资源库的建设。该资源库由北京经济管理职业学院、中宝协、兰州资源环境职业技术学院主持,由 15 家职业院校和 14 家企业联建。

宝玉石资源库的课程建设任务是艰巨的,其过程是艰辛的,但其成果是令人欣慰的。在线上线下多层面,宝玉石资源库在我校得到了广泛的应用。特别是在新冠疫情期间,我校珠宝教研组充分利用宝玉石资源库开展线上教学,师生享受到了宝玉石资源库开发带来的成果和福利。在此,将我校联建和应用宝玉石资源库的体会介绍如下。

一、传承传统文化,在建设中集体成长

1. 强烈的使命感

在宝玉石资源库的开发过程中,我校主持开发的课程是"中国珠宝首饰传统文化",辽宁地质工程职业学院、四川文化产业职业学院是本课程的参建院校。我们共同组建团队,进行课程开发、素材收集和素材制作。

中国珠宝首饰文化源远流长,中国古代各时期首饰的时代特点不同。中国古代传统首饰种类繁复精美,各具特色。不同材质的珠宝首饰有着各自美好的文化寓意。特别是中国玉器,它象征着中国君子的传统美德。中国人对玉器有着特殊的情感。无数的能工巧匠创作了大量精美的作品,这些作品中蕴藏的工艺、纹饰、器型等都有着丰富的文化内涵。

能有机会去收集、归纳、整理中国珠宝首饰传统文化,使中国珠宝首饰传统文化得到传承和弘扬,是我们课程开发组全体成员的荣幸。教师们怀着强烈的使命感,愿意为了这件伟大的事情去尽自己的绵薄之力。

2. 磨砺始得玉成

宝玉石资源库的课程建设任务艰巨,本课程需要开发 800 多个颗粒化资源(其中教学课件 385 个,虚拟仿真类 2 个,动画类 8 个,视频类 386 个),形成微课类资源 40 个和典型工作任务 3 个。

回想 2018 年 9 月—2020 年 9 月这整整两年,团队教师们几乎没休息过,只要有时间,就在收集素材,制作教学课件,录制授课视频。为了好的视频效果,精益求精,一段时长 5 min 左右的授课视频被录上十几遍是常有之事。

做好的微课要面向全国的学生,容不得半点马虎。为了增加微课的趣味性,团队教师们

请来了专业动画制作师,用轻松、活泼的形式,根据脚本制作了动画形式的微课。在制作微课的过程中,教师们利用暑假收集整理素材,撰写脚本,和行业专家一起反复修改,对脚本中的台词字斟句酌。对做好的微课样片,团队教师们同样是反复打磨,对字幕和配音逐字推敲,每个画面争取能用最佳的表现形式。

艰难方显勇毅,磨砺始得玉成。大家通过分工合作完成了各类资源的制作。2020年10月,"中国珠宝首饰传统文化"通过验收,大家的心血没有白费,我们团队顺利完成了课程建设任务。

"中国珠宝首饰传统文化"的主要内容

3. 在建设中集体成长

本课程建设团队的成员来自3所院校及3家企业,共12名。在课程的建设过程中,整个团队的成员得到了成长。

1)实地考察增长见识

在素材收集阶段,本课程建设团队查阅了大量相关文献,并通过实地考察走访了各地博物馆和文化遗址,收集了大量的第一手资料。实地考察开阔了教师们的视野,加深了大家对中国玉文化的理解,使大家对我国古代劳动人民的智慧和工匠精神有了更深刻的认识,进而使大家在思想上的认识有所进步。

2)通过任务引领,提升信息化素养

在建设宝玉石资源库的过程中,大家身体力行,以完成宝玉石资源库课程建设为目标,亲身实践了"任务引领"的工作学习方式,体验了职业院校"做中学、学中做"的过程。在课程建设之前,有的教师连录课都不会;在课程建设完成后,教师们已经能熟练使用录屏软件和剪辑软件。在课程建设之前,教师们几乎没有微课开发的经验;在课程建设完成后,教师们对微课开发整套流程已经比较熟悉。在课程建设之前,教师们有的都没有听过"虚拟仿真"

田螺山遗址现场全景图

这个词;在课程建设完成之后,教师们对虚拟仿真的类型和特点有了一定的了解,并在珠宝专业上也进行了应用尝试。

宝玉石资源库的课程建设提高了教师们的信息化素养,锻炼出了一支能运用现代信息技术进行课程建设的教师队伍。这支队伍是未来珠宝专业建设的宝贵财富。

二、结合教学需要,在应用中创新

1. 云课堂和MOOC——教学的全面创新

自从有了宝玉石资源库,通过使用智慧职教云课堂App和MOOC等,教师们在课堂内容和课堂形式等多方面有了更多的创新。

1)课堂内容和课堂形式的创新

我校珠宝教研组的教师们把智慧职教云课堂变成了自己的电子课堂。大家在智慧职教云课堂App上注册自己的账号,根据每学期的教学任务新建课程,并在课程中导入宝玉石资源库优质资源,上传自己的教学课件等本地资源,整合成自己的个性化课程。

教师们在教学过程中充分享受现代信息技术所带来的便利,使用智慧职教云课堂进行备课,在课上进行签到、讨论、头脑风暴、投票、问卷调查、小组PK等各种丰富的教学活动。课堂不再是教师一人讲到底,教学过程也变得活泼有趣了,而且智慧职教云课堂平台能对教学活动过程进行结果分析,数据形象直观,有助于教师发现教学过程中存在的问题。

2)作业评分和模拟考试方式的创新

对客观题,云课堂能自动评分,极大地提高了教师的工作效率;对主观题,云课堂可以通过学生上传作业和教师批阅点评等形式,收集宝贵的教学资料。

我校教师们还把云课堂应用在"1+X"证书等证书的模拟考试中。教师通过在智慧职教云课堂App上导入宝玉石资源库中的试题库,并结合教师个人教学和参赛积累,可以生成具校本特色的"1+X"证书考试模拟题库。教师通过智慧职教云课堂题库设置考卷,按考

夏旭秀老师在智慧职教云课堂中的授课示例

证规则抽取各类型题目进行随机组合,这样学生就可以反复练习,多次参加模拟考试,提高了复习的效率。

3) MOOC 学院的辅助教学

在 2022 年封校期间,我校选用了"钻石鉴定与分级"和"珠宝首饰营销"两门 MOOC 辅助专业课程教学。在课前,学生通过 MOOC 学院里的资源进行预习;在课上,教师选用 MOOC 学院中的优质素材结合课堂内容进行讲解;在课后,学生在 MOOC 学院中完成作业。MOOC 学习成绩合格的学生可以拿到智慧职教 MOOC 学院对应课程的证书,填补了现在国内珠宝专业缺少钻石类证书和营销类证书的空白。

我校学生在钻石鉴定与分级MOOC学习中名列前茅

教师在线上课堂中使用珠宝首饰营销 MOOC 中的素材

2. 文化交流和展示——应用宝玉石资源库角度的创新

1) 在上海市各类在线会议开展玉文化讲座，应用宝玉石资源库素材

我校珠宝教研组夏旭秀老师在上海市中职名师工作室在线会议上，开设了面向全上海市的中国玉文化主题讲座。在讲座中，夏老师应用了宝玉石资源库中的素材，在其他专业的职校名师面前，弘扬了中国传统玉文化，推广了宝玉石资源库。

夏旭秀老师在上海市中职名师工作室在线会议上开设中国玉文化主题讲座

2) 开设双语讲座，传承传统玉文化

夏旭秀老师在学校各类对外交流活动中开展中国玉文化双语讲座，应用宝玉石资源库的素材支撑讲座内容，在国际友人面前弘扬了中国传统玉石文化，也推广了宝玉石资源库。

3) 校园文化展示应用宝玉石资源库

为弘扬工匠精神和上海钻石加工文化，我校珠宝教研组在校园文化展板上使用了宝玉石资源库中的素材制作成展板。教师将宝玉石资源库中有关上海钻石加工历史的视频制作成二维码,放在实训室展板上,师生扫码即能观看,鼓励师生传承老一辈从业者奋斗与钻研的精神,在行业内开拓创新。

在校园文化建设上,我校珠宝教研组下一步拟在玉雕实训室制作中国玉文化展板,精选宝玉石资源库中的微课类素材,使宝玉石资源库的资源不仅应用在课堂上,还展示在校园文化中。

校园文化展板设计稿及实物图示例

3. 教材形式创新——宝玉石资源库素材支撑

在宝玉石资源库中相关课程的建设完成之后,我校珠宝教研组的教师们查阅了文献等大量资源,收集、整理了相关材料,选取本课程中人们较感兴趣的中国玉文化内容,编写了校本教材《中国玉文化》,在教材中附上了宝玉石资源库中的微课类素材,并尝试使用 AR 技术。该教材目前仅在校内小范围使用,将在修订、完善后公开出版并在全国范围内使用。

在教材中,教师尝试了将宝玉石资源库中制作的虚拟仿真类素材应用到教材中,学生通过手机 App"AR 玉"对着教材中的图片照一照,几千年前的玉器就会浮现在眼前,还可以在手机上进行旋转、放大、缩小等操作,互动感、体验感非常强。

两年的宝玉石资源库课程建设之路是辛劳的、艰苦

校本教材《中国玉文化》的封面

"AR 玉"的 App 图标

教材 AR 效果示例

的,但也是收获满满的。中国珠宝首饰传统文化的课程开发团队,将一如既往,努力前行,进一步开发、更新、优化高质量的教学资源,为师生服务,为弘扬中国传统玉文化服务。

上海信息技术学校珠宝教研组的全体教师将和全国其他教师共建共享,从教学资源、课程设计、教材建设、文化交流等各方面继续用好宝玉石资源库,提升教学质量,将宝玉石资源库的应用落到实处。

结合宝玉石资源库进行珠宝类实验实训课程思政教育的案例

北京经济管理职业学院　邢瑛梅

课程思政是把"立德树人"作为教育根本任务的一种综合教育理念,需要全员、全程、全方位育人,各类课程发掘课程思政元素,与思想政治理论课同向同行,形成协同效应。

自 2016 年建设至今,宝玉石资源库在教学过程和人才培养中发挥了重要作用。特别是自 2020 年以来,多阶段的线上教学让学生走进实验室成了难事儿,而宝玉石鉴定与加工的大部分专业课程都要在实验室中完成教学任务,疫情下的实验课程教学面临巨大的挑战。以下以北京经济管理职业学院宝玉石鉴定与加工专业的专业课实验为例,谈谈宝玉石资源库在实验实训课程思政中的应用。

一、操作示范实训变"云实训"

宝玉石鉴定与加工专业的实践性教学总计 1767 个学时,占比 67.2%。这些实践性教学活动除了企业实践和毕业设计外,其余的实验实训均在实训室完成,实践课是专业理论的延伸和验证,只有通过实验实训才能牢固地掌握理论知识。自 2020 年以来,宝玉石资源库发挥了巨大的作用,特别是对需要在实训室中完成的教学任务而言。如实验实训室中鉴定仪器的使用及首饰制作和玉雕加工的实训课程,这些课程在宝玉石资源库中都有详细讲解及制作示范的视频,学生通过反复观看视频即可学会鉴定仪器的使用,并清楚首饰制作和玉雕加工的全过程。学生虽然有一段时间没能在实验室上课,但是丝毫不影响学生的学习效率和学习效果。除此之外,实训涉及的实验室仪器、设备、工具、材料等的安全使用、实训要求、实训室管理规定等,在宝玉石资源库中也都有详细的说明。这些说明和示范形成了"云实训"。

按实训室管理规定,学生进入实训室进行实训操作训练时,除了要细心认真外,还必须注意实训室的安全操作说明、仪器和设备的使用与卫生等方面的思政教育。专业教师及实训指导教师在实训中同样需要对学生进行思政教育,让学生在实训中养成细心、认真的习惯,树立自信心,锻炼制作过程中的耐心和毅力。宝玉石资源库中的大师大讲堂,以及玉器设计与工艺和首饰制作工艺等课程都融入了安全操作说明、文化传承思想,无不传递着精益求精的工匠精神。

二、思政元素与专业群各类实训课程的专业知识相融合

不同实训室所开设的实训课程不同。将思政元素融入实训课程的各个环节,通过教师们的精心设计,让思政元素所承载的工匠精神慢慢地在学生心中生根发芽。

首饰加工工艺实训室、玉雕制作实训室和宝石加工实训室主要锻炼的是学生动手制作能力,承担首饰制作工艺、花丝镶嵌工艺、工艺品铸造工艺、解玉技能初级、解玉技能高级等加工制作类课程。这类课程可以从两个方面融入思政元素。一是制作过程中需要学生具备的素质,包括动手能力和吃苦耐劳、勇于挑战、严谨认真、精雕细琢的工匠精神。线上学习是学生根据课程要求观看宝玉石资源库中相关操作视频的讲解和演示,仔细琢磨;线下学习是在老师的指导下进行实际操作。"花丝镶嵌工艺"这门课程的整个制作工艺过程很繁复。花丝用金、银做原料,拔成细丝,编结成型。镶嵌就是把金、银薄片捶打成型,把珍珠宝石嵌进去,制成装饰品。制作过程能够培养学生的耐心和毅力。设计制作花丝镶嵌作品要求学生既要弘扬传统文化,又要具有开拓创新的品质。二是在给学生布置作品主题时可以在作品主题中融入思政元素。2021年是中国共产党建党100周年,教师们可以要求学生分组制作献礼建党100周年作品。学生们查找并利用宝玉石资源库的资源和其他网络资源进行创意设计、选材,再到加工制作。通过主题设计和制作,学生们加强了协同精神,强化了爱党爱国的思想信念。学生们的作品也得到了业内专家的肯定,多项作品获奖。

1. 学生参加第三届"燕京八绝红星杯"职业技能比赛获玉雕专业银奖

学生作品《回想当年,不忘初心》是利用荔枝冻材质的寿山石制成的带把儿喝水缸子,缸身刻有"为人民服务"的字样。设计理念:作为一名有思想、有目标的当代大学生,努力学习是我的本职,为人民服务是我的目标,不忘初心是我的思想,国家现今的富强是老一辈红军战士用鲜血拼搏而来的。我的爷爷就曾是一名红军战士。他说当年打仗时喝水不用玻璃杯而是用带把儿的缸子,每一个带把儿的缸子上面都写着"为人民服务"。我们过上今天这样

的幸福生活是无数革命先辈们用自己的生命换来的。在建党100周年庆祝之际,我们更要不忘初心、牢记使命、砥砺前行。

2. 学生参加第三届"燕京八绝红星杯"职业技能比赛获首饰制作专业铜奖

学生作品《柏年江山》的材质是银,利用花丝、雕蜡、精工等不同工艺相结合的手法制成。一棵用银丝制成的"松柏"屹立在"两山"之间,形似"百"字。松柏象征着坚韧不拔、不衰不败,正如我们的党和中华民族。在建党百年的大背景下,我们设计并制作了这个作品。作品正视为"百",又与柏树的"柏"字谐音,故名《柏年江山》。踏上新的征程,我们在新百年勇于挑战、不断探索,坚定地走中国特色社会主义道路,坚守初心,传承党的百年光辉。

作品《回想当年,不忘初心》

作品《柏年江山》

三、宝玉石资源库在实训管理中的课程思政

在宝玉石鉴定实训室、珠宝玉石智能综合鉴定实训室、钻石分级实训室这类实训室中,学生能用到各类鉴定仪器和各种宝石标本及钻石标本。这些实训室与实际工作场景有许多相似之处,对于学生良好习惯的养成非常重要。

1. 实训前和实训中

实训室管理包括物品类,如仪器、设备、样品、材料、工具等,还包括操作规程。为促使学生在进入实训室后养成良好的行为习惯和发挥智慧职教云课堂的作用,学生在课前应预习实训要求和相关知识,老师在课中利用实训室多媒体设备播放实训管理相关视频和实训步骤,要求学生爱护实训室设施和环境,且在实训任务完成后物品应经整理后归位。如宝玉石鉴定实训涉及仪器和标本的使用、管理、操作规程等,鉴定使用的各种小仪器比较多,它们都有固定的盒子盛放。为防止随意乱放,按实验室管理规定,小仪器使用后要进行清点,待确认数量无误后要放回相应的盒子,操作台物品摆放应整齐,还需填写实验仪器使用记录单。这一习惯也是未来工作中的基本职业素质要求。美国心理学之父威廉·詹姆斯有一段对习惯的经典注释:"种下一个行动,收获一种行为;种下一种行为,收获一种习惯;种下一种习惯,收获一种性格;种下一种性格,收获一种命运。"通过每次上课的反复训练,学生们除了操作技能得到了明显提升外,还在实训中养成了良好的行为习惯,将来在工作岗位上对珠宝饰品的摆放、清点就会非常得心应手。

宝玉石鉴定实训室的标本包含有价值昂贵的钻石和宝玉石,按鉴定要求,这些标本需要分发到各组学生手中。如何发放、怎样鉴定、使用哪些仪器等内容是课前学生小组需要学习的。鉴定实训可以培养学生科学观察、尊重现实、独立思考的学习习惯,诚信、踏实做事的品行,认真细致、对鉴定结果负责的责任意识和团队合作精神,树立正确的价值观和工作观,实事求是,坚决抵制假冒、以次充好的行为,未来在工作岗位上坚持诚信鉴定,杜绝一切损害消费者利益的行为。

2. 实训课程结束后

在完成实训任务后,学生们需要整理自己工位上使用过的制作工具和鉴定仪器等,各归各位,整齐划一,关闭电源和水源,排除安全隐患。此外,学生们还需要轮流对整个实训室进行清理、打扫。干净整洁的学习环境是需要同学们共同维护的。如首饰制作工艺实训室常使用的首饰制作材料是银,在操作过程中难免有碎银料掉落到地上。在课后,学生在清理地面时应收集掉在地面上的碎银料,并集中起来重新熔料以便进行二次利用。这样一方面避免了材料的浪费,另一方面也培养了学生勤俭节约的品质。艰苦奋斗、勤俭节约的思想自古以来就是我们民族精神的重要内容,永远不能丢。

在宝玉石资源库的建设中,加强有关实验实训课程思政元素的挖掘也是我们接下来继续要做的工作。一方面全课程全方位融入思政教育理念,另一方面实训室管理也是有效提升学生的思想政治素质、文化科技素质、专业素质、职业素质和身心素质的阵地。

"珠宝首饰CAD与CAM"课程资源在教学中的应用

——以逼镶耳环为例

深圳技师学院　陈明、陈小冰

"珠宝首饰CAD与CAM"是首饰设计与制作相关专业学生的必修课程。该课程把首饰电脑3D辅助设计与首饰快速成型技术相结合,体现了首饰设计研发的现代科技性,实践性很强。本课程的教学任务是培养学生的空间思维能力、计算机设计思维能力和实际操作能力,让学生既能使用计算机进行珠宝首饰设计,还能通过快速成型设备的使用实现快速生产。为此,我们在宝玉石资源库中不仅建设了相应的标准化专业课程,还设计了4个典型工作任务。在此,以逼镶耳环为例,谈谈"珠宝首饰CAD与CAM"课程资源在教学中的应用。

一、学习目标和要求

耳环是首饰的基本款式之一,逼镶是首饰常见的一种镶嵌方法。了解逼镶耳环的结构及生产参数,掌握耳环的建模方法是首饰3D建模的必备技能。本案例的学习有助于大家了解具有三筒铰结构耳环的特征及生产参数,掌握逼镶镶嵌方法的建模。

学习方法和过程:做好软件、硬件准备;线上预习,线下讲解和演示;对照宝玉石资源库中的相应视频学习逼镶耳环建模操作;特别要了解三筒铰的作用及尺寸要求,学会三筒铰结构的建模方法。

二、相关知识

田字逼是一种常见的逼镶款式。

田字逼

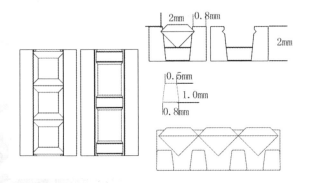

逼镶的结构示意图

逼镶注意事项如下：

(1) 据图样确定逼镶形式。

(2) 据图样、石料处理石边宽。彩色宝石的边宽一般比圆钻的厚。因此，在镶嵌彩色宝石时，整个逼镶边的高度可留高大约 0.5mm，以防漏底。由于彩色宝石的厚度一般没有特别标准，在绘图的过程中需要根据彩色宝石的实际厚度来确定逼镶边的高度。

(3) 逼镶边的大小除了跟宝石大小有关之外，也跟管石的多少有关。在宝石大小一样的前提下，一管二的逼镶边应比一管一的略大。

(4) 底单的最佳位置为宝石与宝石之间。

(5) 边内侧要稍内斜，以便能更牢固地托住宝石。

三、逼镶耳环建模的 10 个步骤

建模思路：二维曲线绘制—耳环主体建模—三筒铰建模—宝石镶嵌—通花封片绘制。

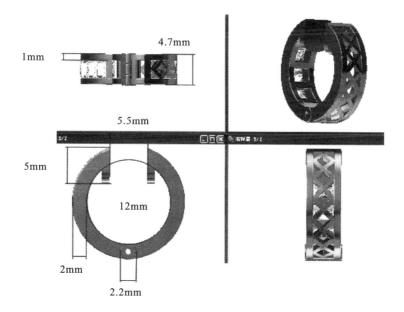

步骤一：绘制辅助线。

选择正视图，分别绘制两个直径为 12mm 和 16mm 的圆，构成一个圆环。再绘制一个直径为 2.0mm 的圆及一个直径为 0.7mm 的同心圆。移动两个同心圆至环形底部，直至直径为 2.0mm 的圆与环形相切。选择 2.0mm 的圆进行曲线偏移，设置向外偏移 0.1mm（注意：三筒铰位的宽度需较大于连接位的宽度）。绘制直径为 5.5mm 的辅助圆，将它置于圆环上部，再绘制两条直线与辅助圆相切。设计出耳夹的位置。

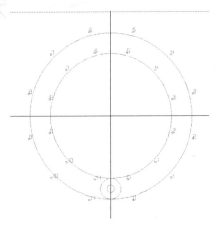
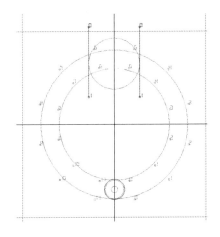

绘制一　　　　　　　　　　　　　绘制二

步骤二：绘制耳环左边主体。

（1）绘制导轨线。先沿着耳环左边轮廓线绘制出两条导轨线，再绘制宽为1mm的长方形作为切面。

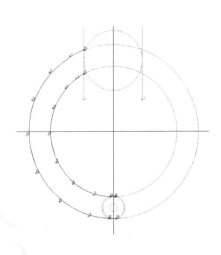
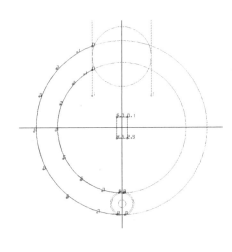

绘制三　　　　　　　　　　　　　绘制四

（2）导轨曲面。选择导轨曲面工具 ▬ ，设置导轨曲面对话框（依次选择上边导轨线—下边导轨线—切面），得到曲面效果一。

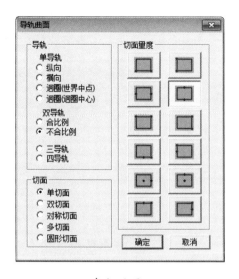

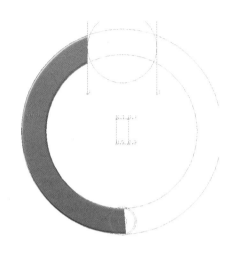

参数设置一　　　　　　　　　　　　曲面效果一

选择上视图,绘制一个直径为 4.7mm 的辅助圆,并将绘制好的曲面移动至与辅助圆相切的位置。使用上下复制功能,得到曲面效果二。

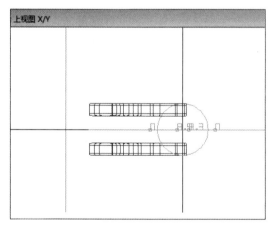

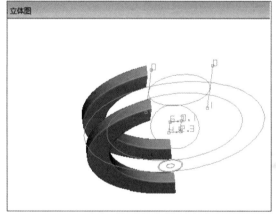

绘制五　　　　　　　　　　　　曲面效果二

步骤三:绘制挡片。

选择右视图,绘制一个直径为 5.0mm 的辅助圆,移至最上方,根据辅助线绘制挡片的外形。

转至正视图。将挡片轮廓线移至与耳环边贴齐,选择直线延伸曲面工具 ,设置直线延伸对话框,设置横向延伸距离为 1mm。

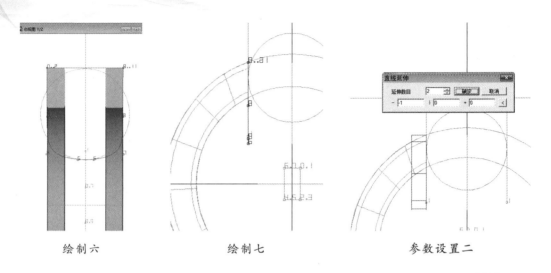

绘制六　　　　　绘制七　　　　　参数设置二

调整挡片外形，菜单编辑——"展示CV"，框选左上侧两组点，使用移动工具 将点往下移至与耳环齐平。

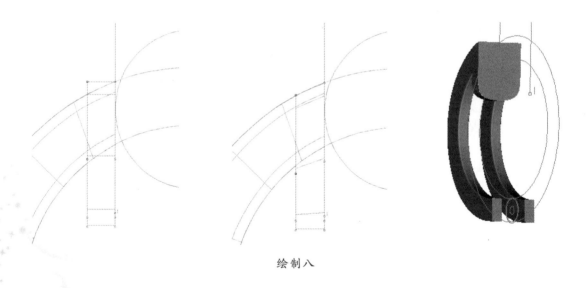

绘制八

步骤四：绘制底边连接物体。

（1）修剪曲面。选择直径为2.2mm的圆，转到右视图，选择左右复制工具 ，得到一个复制的圆。再使用移动工具将复制圆往左边平移至耳环外，选择直线延伸曲面工具 ，设置直线延伸对话框，将横向延伸距离设置成6mm，得到一个圆柱体。

第三章 典型案例

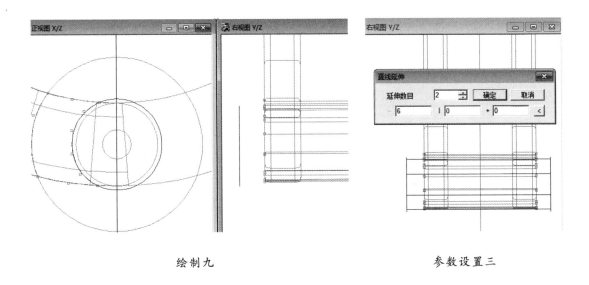

绘制九　　　　　　　　　参数设置三

切换至右视图,选择两个耳环物体进行布林体—联集 ▣。选择圆柱体,点击布林体—相减 ▣,再选择耳环。

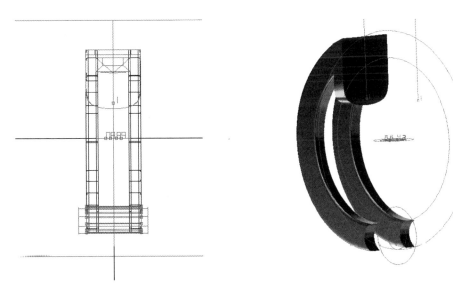

绘制十

(2)绘制连接体。选择底部直径为 2.2mm 的圆,向外偏移 1mm,得到辅助圆。用任意曲线工具根据辅助圆绘制底下曲面轮廓线。再回到上视图,用移动工具将此轮廓线移至与耳环下方齐平,选择直线延伸曲面工具,设置直线延伸对话框,将横向延伸距离设置成 4.7mm。

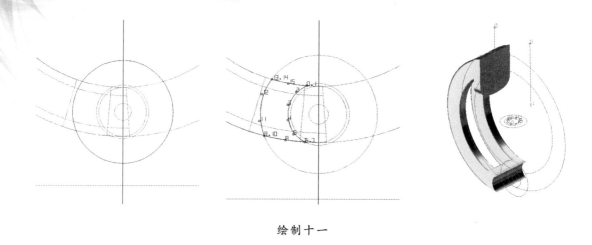

绘制十一

步骤五：绘制三筒铰位。

绘制一个宽为1.6mm的长方形作为圆筒切面，使用导轨曲面功能，设置对话框（选择2.2mm圆—0.7mm圆—长方形切面），得到新的曲面效果。

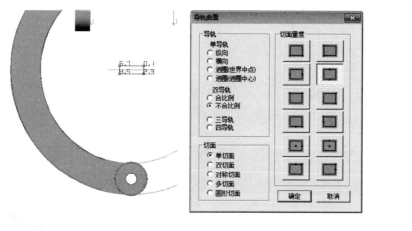

绘制十二

回到上视图，复制一个圆筒（选择上下复制功能 ）并移动至与原铰位贴边的位置。再上下复制，得到第三个铰位，使3个筒刚好是边贴边均匀分布的［筒的整体宽度比耳环的宽度大0.2mm，筒的大小也比耳环的厚度大0.1mm（预留位置执模）］。

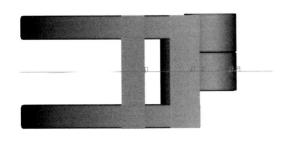
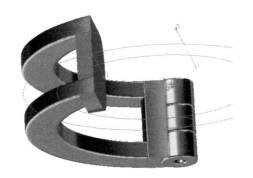

绘制十三

步骤六：绘制耳环右边主体。

选择上视图，左右复制耳环主体，选择两边的筒跟左边耳环主体联集（布林体　联集）在一起，中间的圆筒跟右边耳环主体联集在一起。改变右边耳环材质，选择菜单—材质，在弹出来的材质库中选择白金材质。

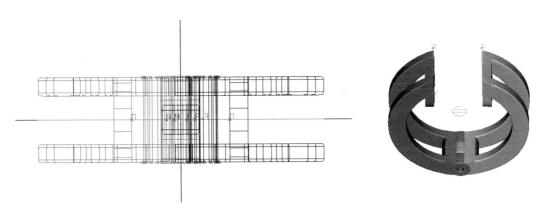

绘制十四

步骤七：镶嵌宝石。

选择上视图，分别绘制直径为2mm和3mm的两个辅助圆，选择菜单杂项—宝石，在弹出的对话框中选择方形钻石，使用尺寸工具 ，用右键缩放将方形钻石根据辅助圆调整成2mm×3mm的尺寸大小。回到正视图，使用移动、旋转工具排好第一颗宝石。绘制一个直径为0.15mm的辅助圆，用移动工具将其移至宝石腰部，作为石距参考，选择宝石，点击环形复制工具 ，设置对话框。

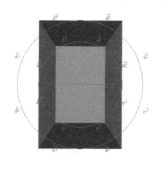
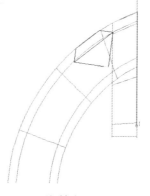
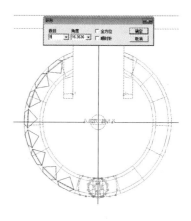

绘制十五

步骤八：绘制逼镶底单。

绘制一个直径为1mm的辅助圆，根据辅助圆绘制一个梯形，使用直线延伸曲面工具绘制一个连接底单。复制多两个底单排好位置。

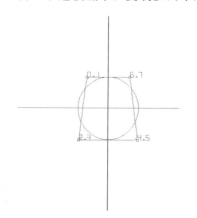

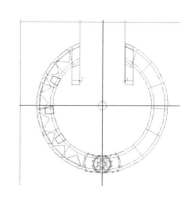

绘制十六

步骤九：绘制封片通花。

(1)绘制映射辅助线。隐藏左边耳环，转至正视图，在需要通花的位置绘制一条曲线，使用曲线—曲线长度功能测量曲线长度，曲线长度测量值会显示在状态栏中，再绘制一个直径与曲线长度大小一致的辅助圆。

(2)绘制通花元素。在辅助圆内绘制通花形状，转至上视图，绘制一个直径为3mm的辅助圆，利用环形重复线工具 绘制一个菱形，再偏移曲线，设置偏移距离为0.6mm，得到一个小的菱形，绘制一个边长为0.6mm的正方形为切面，导轨曲面，运用双导轨—不合比例—单切

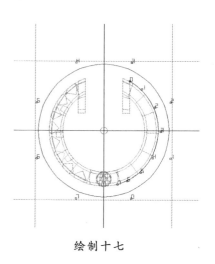

绘制十七

面,切面量度选择导轨位于切面上中与下中位置,依次选择大菱形—小菱形—正方形切面,得到菱形曲面(通花宽度要与耳环中间的空位一致,通花形状的 CV 点要控制好,若 CV 点不够,映射后会不能完全跟住曲线的弧度),在辅助圆内排列菱形,注意留出与耳环的重叠位。

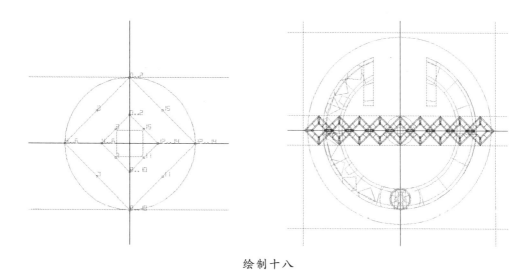

绘制十八

(3)映射通花。选择菜单变形—反转—反上,将通花反转方向,并用移动工具向下移至 X 轴下面。回到正视图,使用映射功能 ,在弹出的对话框中点击映射方向及范围,将出现的蓝色框调整至与辅助圆相切,然后单击鼠标右键,在弹出的对话框中点击确定,再选择耳环上的位置曲线。

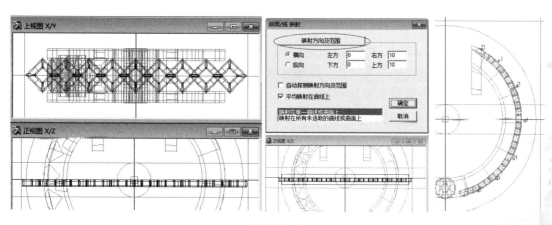

绘制十九

步骤十：绘制耳针。

隐藏所有曲线,在两个挡片之间绘制一个内径为 0.8mm 的圆管,再复制一个圆管在右侧耳挡上减出圆孔。

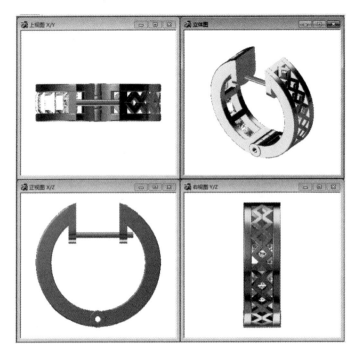

绘制二十(成品图)

四、小结

在电脑 3D 辅助设计中,曲面是使目标对象从线转化成立体造型的关键一步,导轨曲面是其中最常用、简单方便的一种功能。线面连接曲面具有强大的功能,与导轨曲面功能配合使用,能方便快捷地实现电脑设计图。

在应用导轨曲面工具及线面连接曲面工具时,要注意以下几点:

(1)线条的 CV 点数要一样、方向要一致,线条的闭合开口要一致,控制好线条间相对应的 CV 点。

(2)在导轨功能中,应用多切面时应保证线条的 CV 点数要一样、方向要一致,线条的闭合开口要一致。

(3)应用线面连接曲面工具,在连接曲线时要注意连出的物体是否是空心的。检查方法:按住 Tab 键,转动物体,如果有黑色的面(注意物体层面不要用黑色),则这个曲面有问题。可以使用曲面—封口曲面功能解决。

五、学习效果分析

应用宝玉石资源库进行线上线下混合式教学较单一线下教学模式的学习效率有所提高,学生可以随时通过反复观看视频或静止画面,学习建模,举一反三,而且知识和技能提升较快的同学可以继续新的镶嵌建模,真正实现个性化学习。